PROBLEMAS RESUELTOS DE

MECÁNICA DE SUELOS EN INGENIERÍA CIVIL

Colección Escuelas

PROBLEMAS RESUELTOS DE MECÁNICA DE SUELOS EN INGENIERÍA CIVIL

Jesús González Galindo

José Gregorio Gutiérrez Chacón

Ignacio González Tejada

Rafael Jiménez Rodríguez

Departamento de Ingeniería y Morfología del Terreno

Escuela Técnica Superior de Caminos Canales y Puertos

Universidad Politécnica de Madrid

COLEGIO DE INGENIEROS DE CA-
MINOS, CANALES Y PUERTOS

grupo editorial

PROBLEMAS RESUELTOS DE MECÁNICA DE SUELOS EN INGENIERÍA CIVIL

Jesús González Galindo; José Gregorio Gutiérrez Chacón; Ignacio González Tejada; Rafael Jiménez Rodríguez

ISBN: 978-84-1903-447-2

IBERGARCETA PUBLICACIONES, S.L., Madrid, 2024

Edición: 1.ª

Nº de páginas: 218

Formato: 17 × 24 cm.

Materia Thema: RBG. Geología y la litosfera

Problemas resueltos de Mecánica de Suelos en Ingeniería Civil

© Jesús González Galindo; José Gregorio Gutiérrez Chacón; Ignacio González Tejada; Rafael Jiménez Rodríguez

COPYRIGHT © 2024 IBERGARCETA PUBLICACIONES, S.L.

© COLEGIO DE INGENIEROS DE CAMINOS, CANALES Y PUERTOS

ISBN (Colegio de Ingenieros de Caminos, Canales y Puertos): 978-84-380-0573-6

info@garceta.es

ISBN: 978-84-1903-447-2

Edición: 1.ª

Impresión: 2.ª

Depósito legal: M-13276-2024

Imagen de cubierta: *cortesía de los autores*

Impresión: Imprime Tu Letra S.L.

OI: 0377/2025

IMPRESO EN ESPAÑA-PRINTED IN SPAIN

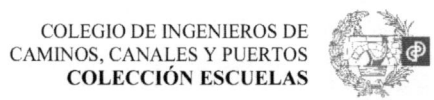

COLEGIO DE INGENIEROS DE
CAMINOS, CANALES Y PUERTOS
COLECCIÓN ESCUELAS

Contenido

Prólogo

El objetivo de este libro es facilitar al lector la resolución de una serie de problemas en el ámbito de la mecánica del suelo, con la intención de que los ejercicios planteados le ayuden a afianzar conocimientos en este ámbito. Aunque el libro va fundamentalmente dirigido a estudiantes universitarios, se considera que la resolución de estos ejercicios puede servir también como recordatorio de conceptos fundamentales sobre la mecánica del suelo para profesionales de la ingeniería civil. Los conocimientos aquí estudiados son necesarios para poder analizar otros problemas más complejos del ámbito de la ingeniería geotécnica.

El libro está organizado en 6 capítulos, y para cada uno se plantean y desarrollan diez ejercicios prácticos. A continuación se enumeran los temas que podrán ser estudiados con la ayuda de este libro:

1. Propiedades de los suelos. En este tema se explica cómo obtener las propiedades básicas del suelo: granulometría, pesos específicos, humedad, grado de saturación, entre otras. La resolución de estos ejercicios proporciona el conocimiento necesario para identificar los distintos tipos de suelos que pueden existir en la naturaleza, así como para determinar sus variables de estado necesarias para estudiar posteriormente otros problemas geotécnicos.

2. Tensiones en el terreno. En este tema se presenta un concepto fundamental en mecánica del suelo: las tensiones efectivas y la ley de Terzaghi, la ley más importante de la mecánica de suelos. En cualquier problema geotécnico complejo es necesario estimar las tensiones efectivas del terreno, ya que serán las que determinarán su resistencia y deformabilidad. En este tema se aprenderá a caracterizar el estado tensional del terreno, es decir, las tensiones verticales y horizontales, así como su representación en el círculo de Mohr.

3. El agua en el terreno. La presencia de agua en el terreno es fundamental para su comportamiento, ya que modifica las presiones intersticiales pudiendo dar lugar a problemas como el levantamiento de fondo o a la erosión interna. En este tema se analizará el ensayo del permeámetro de carga constante que permite estimar el coeficiente de permeabilidad de las arenas. También se resolverán problemas de posibles levantamientos de fondo en excavaciones al amparo de pantallas impermeables, cuestión de gran aplicación práctica.

4. Compresión y consolidación de suelos. Si se aplican cargas exteriores sobre un suelo saturado, se producirán asientos que irán evolucionando con el tiempo como consecuencia del proceso de la consolidación. Este comportamiento se estudia mediante la teoría edométrica de consolidación primaria, que nos permite estimar la evolución con el tiempo del asiento que sería esperable en el suelo.

5. Resistencia del terreno. La resistencia del terreno se puede caracterizar mediante ensayos de laboratorio, que también nos sirven para comprender mejor, bajo condiciones controladas, aspectos básicos de su comportamiento resistente. Los ensayos más frecuentes son los ensayos de corte directo y los ensayos triaxiales. En este tema se proponen ejercicios que permiten, a partir de los resultados de los ensayos de laboratorio mencionados, estimar los parámetros resistentes de los suelos de acuerdo al criterio de rotura de Mohr Coulomb.

6. Suelos parcialmente saturados. En ocasiones el terreno no se encuentra totalmente saturado pudiendo aparecer succión en el terreno, lo que modifica su comportamiento. En este tema se aprenderá cómo se deben calcular las tensiones en suelos parcialmente saturados, y también la forma de estimar los parámetros resistentes en ensayos de corte directo o ensayos triaxiales realizados en suelos no saturados.

El presente libro recoge parte del trabajo durante los últimos 20 años de la unidad docente de Geotecnia de la Escuela de Ingenieros de Caminos de la Universidad Politécnica de Madrid, primero dentro de la asignatura de Geotecnia de la titulación de Ingeniero de Caminos, Canales y Puertos y, posteriormente, con la asignatura de Mecánica de Suelos y Rocas del Grado en Ingeniería Civil y Territorial y Doble Grado en Ingeniería Civil y Territorial y en Administración y Dirección de Empresas de la Universidad Politécnica de Madrid.

Agradecimientos

Los autores del libro quieren agradecer a sus compañeros durante estos últimos años en la unidad docente de Geotecnia: Antonio Soriano, Luis Fort, Manuel Llorens, Alberto Bernal, Davor Simic, Luis Ortuño, Áurea Perucho e Isabel Reig. Sus ideas y opiniones han permitido crear ejercicios muy completos que permiten afianzar los conocimientos en los distintos ámbitos de la mecánica de suelos.

Lista de símbolos

Símbolo (mayúscula)	Definición
C	Constante de capilaridad.
C_c	Coeficiente de curvatura.
C_u	Coeficiente de uniformidad.
C_v	Coeficiente de consolidación vertical.
$D_{máx}$	Tamaño máximo de las partículas de una muestra.
D_r	Densidad relativa.
D_x	Tamaño del tamiz que deja pasar el x por ciento de una determinada muestra de suelo.
E	Módulo de elasticidad.
E_m	Módulo edométrico.
G_s	Peso específico relativo de las partículas sólidas.
H*	Longitud del recorrido de disipación.
IC	Índice de consistencia.
I_F	Índice de fluidez.
IP	Índice de plasticidad.
LL	Límite líquido.
LP	Límite plástico.
OCR	Razón de sobreconsolidación.
Q	Caudal.
S_r	Grado de saturación.
T_v	Factor tiempo.
U	Grado de consolidación.
V_t	Volumen total de una muestra de suelo.
Vs	Volumen de partículas sólidas de una muestra de suelo.
V_w	Volumen de agua de una muestra de suelo.

Símbolo (minúscula)	Definición
c'	Cohesión efectiva.
c_c	Índice de compresión.
c_s	Índice de entumecimiento.
e	Índice de poros.
e_0	Índice de poros inicial del terreno.
g	Aceleración de la gravedad.
h	Altura piezométrica.
h_c	Altura de capilaridad.
i	Gradiente hidráulico.
i_v	Gradiente vertical del flujo de agua.
k	Coeficiente de permeabilidad.
k_h	Coeficiente de permeabilidad horizontal.
k_v	Coeficiente de permeabilidad vertical.
k_0	Coeficiente de empuje al reposo.
k_{0nv}	Coeficiente de empuje al reposo en suelos normalmente consolidados.
k_{0sc}	Coeficiente de empuje al reposo en suelos sobreconsolidados.
n	Porosidad.
$p \cdot p' \quad q \cdot q'$	Parámetros de Lambe.
s	Succión.
s_u	Resistencia al corte sin drenaje en suelos arcillosos saturados.
t	Tiempo para alcanzar un determinado grado de consolidación.
u	Presión intersticial.
w	Humedad.
w_{sat}	Humedad de saturación.
z	Profundidad bajo un nivel de referencia (superficie del terreno, nivel de cimentación, etc.).

Letras griegas	Definición
α_i	Ángulo de las direcciones principales
γ	Peso específico.
γ'	Peso específico sumergido.
γ_{ap}	Peso específico aparente o húmedo.
γ_d	Peso específico seco.
γ_s	Peso específico de partículas sólidas.
γ_{sat}	Peso específico saturado.
γ_w	Peso específico del agua.
ε	Deformación unitaria
λ	Parámetro resistente del criterio de rotura
Δh	Diferencia entre el nivel del agua al inicio y final del permeámetro
ν	Módulo de Poisson.
ν_u	Módulo de Poisson en condiciones no drenadas
σ	Tensión normal sobre un plano.
σ'	Tensión efectiva normal sobre un plano.
σ_v	Tensión normal vertical (actuante sobre un plano horizontal).
σ'_v	Tensión efectiva vertical.
σ_n	Tensión horizontal total
σ'_n	Tensión horizontal efectiva
$\sigma_{vo}, \sigma'_{vo}$	Tensión vertical (total o efectiva) antes de realizar la obra.
τ	Tensión de corte sobre un plano.
ϕ'	Ángulo de rozamiento interno efectivo.
ϕ_u	Ángulo de rozamiento interno en condiciones sin drenaje.
c	Parámetro de suelos semisaturados

Capítulo 1

PROPIEDADES DE LOS SUELOS

EJERCICIO 1.1

De una arena se conoce que su peso específico aparente es 18 kN/m³ y que el peso específico saturado es de 20 kN/m³. Se pide, asumiendo un valor del peso específico relativo de los sólidos, $G_s = 2,7$:

- porosidad de las arenas,
- humedad saturada,
- humedad correspondiente al peso específico aparente.

Para la resolución del ejercicio se puede considerar el peso específico del agua, $\gamma_w = 10$ kN/m³.

Solución

El esquema del suelo que suele emplear en este tipo de problemas se muestra a continuación. La materia sólida sería la zona sombreada. Cuando el volumen de sólidos del suelo es igual a la unidad, el volumen de todos los huecos se representa con la letra e y corresponde al índice de huecos o de poros. Si se considera que el volumen del suelo es igual a la unidad, la porosidad n representa el volumen total de huecos.

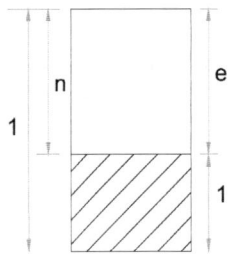

El valor del peso específico saturado corresponde a la situación en la que todos los huecos del suelo están llenos de agua

$$\gamma_{sat} = \frac{G_s \cdot \gamma_w + e \cdot \gamma_w}{1 + e}$$

Sustituyendo el valor del peso específico saturado y el peso específico relativo de las partículas se puede despejar el índice de huecos.

$$20 = \frac{2,7 \cdot 10 + e \cdot 10}{1 + e} \rightarrow e = 0,7$$

A partir del esquema indicado es inmediato establecer la relación entre el índice de huecos y la porosidad.

$$\frac{e}{1 + e} = n$$

$$n = 0,41$$

Como la humedad se define como el cociente entre el peso de agua dividido entre el peso de las partículas, se obtiene que la humedad de saturación es:

$$w_{sat} = \frac{e \cdot \gamma_w}{G_s \cdot \gamma_w} = \frac{0,7 \cdot 10}{2,7 \cdot 10} = 0,26$$

El peso específico aparente corresponde a una situación en que el agua sólo ocupa parcialmente los huecos del suelo

$$\gamma_{ap} = \frac{G_s \cdot \gamma_w + e_w \cdot \gamma_w}{1 + e}$$

Sustituyendo los valores se tiene

$$18 = \frac{2,7 \cdot 10 + e_w \cdot 10}{1 + 0,7}$$

$$e_w = 0,36$$

que corresponde a una humedad de

$$w = \frac{e_w \cdot \gamma_w}{G_s \cdot \gamma_w} = \frac{0,36 \cdot 10}{2,7 \cdot 10} = 0,13 = 13\%$$

EJERCICIO 1.2

Clasifique un *Suelo fino* según el sistema USCS (*Unified Soil Classification System*). Conociendo que su límite líquido (LL) es de 40% y que un ensayo de límite plástico (LP) ha proporcionado los siguientes resultados:

peso tara (t) = 17 g,

peso tara + suelo + agua (t + s + a) = 23 g;

peso tara + suelo (t + s) = 22 g.

Solución

El valor del límite liquido es un dato; LL = 40%.

El valor del límite plástico (LP) se puede obtener calculando la humedad del suelo en el ensayo a partir de los datos del enunciado.

Peso tara; $\qquad\qquad\qquad\qquad\qquad$ t = 17

Peso de tara + suelo: t + s = 22; $\qquad\qquad$ s = 5

Peso de tara + suelo + agua: t + s + a = 23;   a = 1

$$LP = 1/5 \cdot 100 = 20\%$$

Conocido el valor del índice de plasticidad (IP), IP = 20%, se representa en la carta de Casagrande.

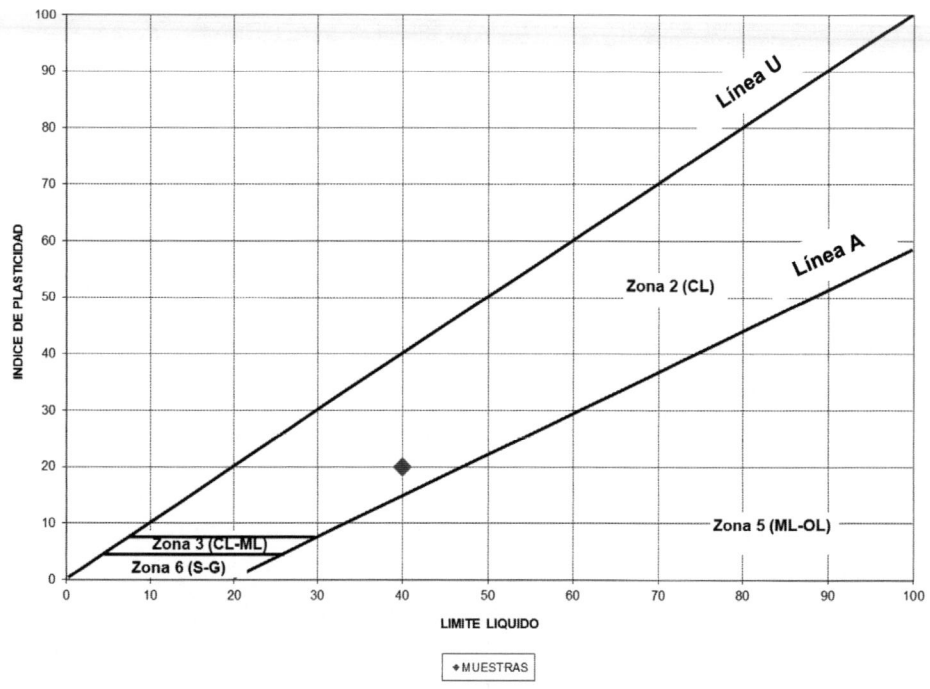

El punto queda por encima de la línea A por lo que es una arcilla. Como el límite líquido es de 40 se puede suponer una arcilla de plasticidad media-baja, es decir, **CL**

EJERCICIO 1.3

Se pide rellenar los valores en blanco de la Tabla 1 siguiente:

	γ_d (kN/m³)	γ_{sat} (kN/m³)	e	w_{sat}	G_s	S_r (%)
Arcilla 1		17,0			2,65	
Arcilla 2		18,5		0,37		

Solución

En los suelos saturados todos los huecos están llenos de agua, es decir, el grado de saturación es del 100%, $S_r = 100\,\%$.

Arcilla 1

Para la arcilla, se conoce el peso específico saturado y el peso específico relativo de las partículas. Por tanto, se puede conocer el índice de huecos.

$$\gamma_{sat} = \frac{G_s \cdot \gamma_w + e\,\gamma_w}{1 + e}$$

$$e = \frac{G_s \cdot \gamma_w - \gamma_{sat}}{\gamma_{sat} - \gamma_w}$$

$$e = \frac{2,65 \cdot 10 - 17}{17 - 10} = 1,35$$

Conocido el índice de huecos es posible determinar la humedad de saturación, obteniendo el cociente entre el peso del agua y el peso de los sólidos.

$$w = \frac{e \cdot \gamma_w}{G_s \cdot \gamma_w} = \frac{1,35}{2,65} = 0,51 \rightarrow 51\%$$

El peso específico seco es aquel en que no existe agua.

$$\gamma_d = \frac{1 \cdot G_s \cdot \gamma_w}{1 + e} = \frac{26,5}{2,35} = 11,27 \text{ kN/m}^3$$

Arcilla 2

En este caso se conoce la humedad de saturación del terreno y el peso específico saturado. Se puede plantear un sistema de dos ecuaciones con dos incógnitas (e, G_s). Su resolución permite obtener el índice de huecos y el peso específico relativo de las partículas.

$$\left.\begin{array}{l} w = \dfrac{e \cdot \gamma_w}{G_s \cdot \gamma_w} = \dfrac{e}{G_s} \\[3mm] \gamma_{sat} = \dfrac{G_s \cdot \gamma_w + e \cdot \gamma_w}{1 + e} \end{array}\right\} \qquad G_s = \dfrac{e}{w}$$

$$\gamma_{sat} = \frac{e \cdot \dfrac{\gamma_w}{w} + e \cdot \gamma_w}{1 + e} = \frac{e \cdot \gamma_w \left(1 + \dfrac{1}{w}\right)}{1 + e}$$

$$e = \frac{\gamma_{sat}}{\gamma_w \left(1 + \dfrac{1}{w}\right) - \gamma_{sat}} = \frac{18,5}{10 \left(1 + \dfrac{1}{0,37}\right) - 18,5} = 1,0$$

$$G_s = \frac{1,0}{0,37} = 2,7$$

Conocido los valores del índice de huecos y el peso específico relativo de las partículas es inmediato obtener el peso específico seco.

$$\gamma_d = \frac{1 \cdot G_s \cdot \gamma_w}{1 + e} = \frac{27}{2} = 13,5 \text{ kN/m}^3$$

	γ_d (kN/m³)	γ_{sat} (kN/m³)	e	w_{sat} (%)	G_s	S_r (%)
Arcilla 1	11,27	17,0	1,35	51	2,65	100
Arcilla 2	13,50	18,5	1,0	37	2,7	100

EJERCICIO 1.4

De una arena se conoce que el peso específico aparente (γ_{ap}), es 17,5 kN/m³ y el peso específico seco (γ_d), es 14,5 kN/m³. Además, se sabe que sus densidades máxima y mínima, según ensayos normalizados, son: $\gamma_{min} = 14$ kN/m³ y $\gamma_{max} = 18$ kN/m³. Se sabe también que el peso específico de sus partículas es $\gamma_s = 26,5$ kN/m³.

De una arcilla se conoce que el índice de huecos es 1 y que $\gamma_{sat} = 17,5$ kN/m³.

Se pide:

1) Calcular la porosidad de la arena y su densidad relativa.

2) Calcular el índice de fluidez de la arcilla, sabiendo que su límite líquido (LL) es 45% y su índice de plasticidad (IP) es 10%.

Solución

1. Conocido el peso específico seco de la arena y el peso específico de las partículas, es inmediato obtener la porosidad de la arena.

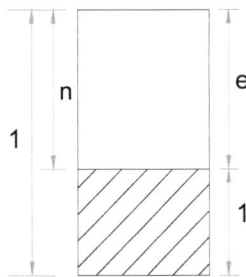

$$\gamma_d = \frac{(1-n)\,\gamma_s}{1} = 14,5 \text{ kN/m}^3$$

$$\boxed{n = 0,45}$$

2. Para calcular la densidad relativa de la arena es necesario conocer el índice de huecos máximo y mínimo de la arena. Se pueden obtener a partir de los datos de la densidad máxima y mínima.

$\gamma_{min} \rightarrow e_{max}$

$$14 = \frac{1 \cdot 26,5}{1 + e_{max}} \qquad \rightarrow \qquad e_{max} = 0,89$$

$\gamma_{max} \rightarrow e_{min}$

$$18 = \frac{1 \cdot 26,5}{1 + e_{min}} \qquad \rightarrow \qquad e_{min} = 0,47$$

A partir del valor de la densidad real de la arena es posible obtener su índice de huecos

$\gamma_d \rightarrow e$

$$14,5 = \frac{1 \cdot 26,5}{1 + e} \qquad \rightarrow \qquad e = 0,827$$

Conocido el índice de huecos real, el valor máximo y el mínimo se puede obtener la densidad relativa.

$$D_R = \frac{e_{max} \cdot e}{e_{max} - e_{min}} = 14,8\%$$

El índice de fluidez es función de la humedad de la muestra y de los valores del límite líquido y límite plástico.

$$\text{índice de fluidez } (I_F) = \frac{\omega - \omega_P}{\omega_L - \omega_P}$$

Para calcular la humedad es necesario conocer el peso específico de las partículas. Como se facilita el peso específico saturado de la arcilla y el índice de huecos se obtiene:

$$\gamma_{sat} = 17,5 = \frac{1 \cdot 10 + 1 \cdot \gamma_s}{2}$$

$$\gamma_s = 25 \ kN/m^3$$

Por tanto, la humedad de la muestra es:

$$w = \frac{e_o \cdot \gamma_w}{1 \cdot \gamma_s} = \frac{1 \cdot 10}{\gamma_s} = 0,4$$

Y el índice de fluidez

$$I_F = \frac{0,4 - 0,35}{0,45 - 0,35} = 0,5$$

EJERCICIO 1.5

Una muestra de suelo está formada por una grava angulosa uniforme y húmeda (pero no saturada). Se sabe que el peso específico de las partículas sólidas es 26,5 kN/m³. El volumen de la muestra es 1,5 litros y su peso 3.050 g. Se introduce la muestra en una estufa en la que se mantiene a una temperatura de 105°C hasta peso constante, que resulta ser 2590 g.

Se pide:

1. Calcular la humedad y los pesos específicos aparente y seco de la muestra.

2. Calcular el índice de poros, la porosidad y el grado de saturación de la muestra.

3. Si los pesos específicos secos máximo y mínimo son 17,65 kN/m³ y 16,2 kN/m³ respectivamente, obtener el valor del índice de densidad de la grava.

4. Si el 2 % de material pasa por el tamiz N° 200 (0,074 mm) y el 60 % pasa por el tamiz N° 4 (4,75 mm), clasificar el material teniendo en cuenta que el 10 % pasa por el tamiz N° 40 (0,42 mm) y que el 30 % pasa por el tamiz N° 10 (2 mm).

Solución

1. Humedad, peso específico aparente y peso específico seco.

El peso del suelo con una cierta cantidad de humedad es un dato del enunciado

$$W_{s+w} = 3050 \text{ g}$$

El peso de suelo seco es un dato del enunciado

$$W_s = 2590 \text{ g}$$

La humedad es el cociente entre el peso del agua y el peso del suelo seco

$$w = \frac{W_w}{W_s} = \frac{3050 - 2590}{2590} = 0,178 \rightarrow 17,8\%$$

El peso específico aparente es igual al peso conjunto del suelo más el agua, dividido por el volumen

$$\gamma_{ap} = \frac{W_{s+w}}{V_t} = \frac{3050 \cdot 10^{-5}}{1,5 \cdot 10^{-3}} = 20,33 \text{ kN/m}^3$$

$$\gamma_d = \frac{W_s}{V_t} = \frac{2590 \cdot 10^{-5}}{1,5 \cdot 10^{-3}} = 17,3 \text{ kN/m}^3$$

2. Índice de poros, porosidad y grado de saturación

Conocido el peso específico seco y el peso específico de las partículas es inmediato conocer el índice de huecos

$$\gamma_d = \frac{\gamma_s}{1 + e} \rightarrow e = 0,535$$

Conocido el índice de huecos es inmediato determinar la porosidad

$$n = \frac{e}{1 + e} \rightarrow n = 0,35$$

La humedad es el cociente entre el peso de agua y el peso de suelo seco. Como la humedad es conocida y el peso específico de las partículas es un dato se puede obtener el valor de la humedad

$$w = \frac{\gamma_w \cdot e_w}{\gamma_s} \rightarrow e_w = 0,47$$

El grado de saturación es el cociente entre el índice de huecos llenos de agua y el índice de huecos total

$$S_r = \frac{e_w}{e} \rightarrow S_r = 0,88 \rightarrow 88\%$$

3. Índice de densidad

El índice de densidad (ID) es función del peso específico máximo ($\gamma_{d,\,máx}$) y mínimo ($\gamma_{d,\,mín}$) del suelo. O lo que es lo mismo del índice de huecos mínimo ($e_{mín}$) y máximo ($e_{máx}$) del suelo.

$$ID = \frac{e_{max} - e}{e_{max} - e_{min}} \cdot 100$$

$$\gamma_{d,max} = \frac{\gamma_s}{1 + e_{min}} \rightarrow e_{min} = 0,501$$

$$\gamma_{d,min} = \frac{\gamma_s}{1 + e_{max}} \rightarrow e_{max} = 0,636$$

$$ID = 0,75 \rightarrow 75\%$$

4. Clasificación del material

Menos del 50% pasa por el tamiz 200: Suelo granular.

Más del 50% pasa por el tamiz 4: Arena (S).

Menos del 5% pasa por el tamiz 200: arena sin finos.

Coeficiente de uniformidad:
$$C_u = \frac{d_{60}}{d_{10}} = \frac{4,75}{0,42} = 11,3$$

Coeficiente de curvatura 2:
$$C_c = \frac{d_{30}^2}{d_{60} \cdot d_{10}} = \frac{2^2}{4,75 \cdot 0,42} = 2$$

Como el coeficiente de curvatura (C_c) está entre 1 y 3 y el coeficiente de uniformidad (C_u) es superior a 6, el suelo se clasifica como una arena bien graduada (SW).

EJERCICIO 1.6

Un ensayo de granulometría por tamizado realizado con 500 g de suelo arroja los siguientes resultados:

Tamiz	Apertura (mm)	Retenido (g)
3/8	9,520	0
4	4,760	110
10	2,000	90
14	1,410	85
30	0,590	65
45	0,350	60
80	0,177	40
200	0,074	40

Se pide clasificar del suelo de acuerdo al criterio de la USCS.

Solución

En primer lugar, se debe conocer la curva granulométrica en porcentaje de suelo que pasa por cada uno de los tamices. Para ello, se debe conocer el peso total de la muestra, que es de 500 g, según el enunciado.

Apertura (mm)	Retenido (g)	Pasa (g)	% pasa
9,52	0	500	100
4,76	110	390	78
2	90	300	60
1,41	85	215	43
0,59	65	150	30
35	60	90	18
0,177	40	50	10
0,074	40	10	2

% Tamiz 200: 2%

% Tamiz 4 (fracción gruesa) $\cong$ 78 $\rightarrow$ arena

Coeficiente de uniformidad: $\quad C_u = \dfrac{2}{0,177} = 11,3 > 6$

Coeficiente de curvatura: $\quad C_c = \dfrac{0,59^2}{2 \cdot 0,177} = 0,98 \cong 1$

Por tanto, a partir de los valores anteriores y según el criterio de la USCS se obtiene que el suelo se clasifica como arenas y arenas gravosas bien graduadas con pocos finos.

EJERCICIO 1.7

Una muestra de suelo se ensaya para determinar su curva granulométrica resultando que un 38% en peso pasa por el tamiz 0,08 mm. El tamizado de la fracción granular y el análisis por sedimentación de la fracción fina da el mismo resultado:

Ensayo de Tamizado		Ensayo de Sedimentación	
Abertura (mm)	Peso retenido (gramos)	Tamaño (mm)	Porcentaje que pasa
32	0	0,08	100
20	0	0,05	82,1
10	0	0,03	68,4
5	0	0,015	46,7
2,5	10,1	0,010	39,5
1,25	32,9	0,005	26,3
0,5	62,0	0,002	18,1
0,25	98,6		
0,125	134,0		
0,08	65,3		

Se pide:

1. Representar las curvas granulométricas de la parte fina, la parte gruesa y del conjunto de los materiales.

2. Clasificar la muestra según la USCS, sabiendo que los límites de Atterberg de la fracción fina son: LL = 23,2% y LP = 15,7%.

Solución

Para la parte gruesa se debe sumar el peso retenido en todos los tamices. El peso total es 402,9 g. Esa sería la cantidad de material que existe por encima del tamiz 0,08. Ahora se calcula el peso que pasa por cada tamiz.

Por el primero: 402,9 − 10,1 g.

En el segundo: 402,9 − 10,1 − 32,9 g.

y esos resultados se deben dividir por 402,9 g, que es el peso total de la muestra.

Ese es el porcentaje de suelo que pasa por cada tamiz.

Para sacar la granulometría conjunta se sabe que 402,9 es el peso retenido que es un 62% de la muestra. Por tanto, la cantidad total del material sería de 649,83. Y se sabe que en el tamiz de 2,5 mm de tamaño de partícula queda retenido 10,1. Luego el porcentaje que pasa es:

$$649,3 − 10,1 = 639,2$$

Por tanto, el porcentaje que resulta es:

$$639,2/649,3 = 0,984 \ (98,4\%)$$

Y así sucesivamente. De esta manera resultaría la siguiente curva de material conjunto.

Tamaño de partícula (mm)	Suelo Grueso (% pasa)	Suelo Fino (% pasa)	Suelo Conjunto (% pasa)
32	100,0		100,0
20	100,0		100,0
10	100,0		100,0
5	100,0		100,0
2,5	97,5		98,4
1,25	89,3		93,4
0,5	73,9		83,8
0,25	49,5		68,7
0,125	16,2		48,0
0,080	0,0	100,0	38,0
0,050		82,1	31,2
0,030		68,4	26,0
0,015		46,7	17,7
0,010		39,5	15,0
0,005		26,3	10,0
0,002		18,1	6,9

% Tamiz 200: < 50% → suelo granular

% Tamiz 4 (5 mm) > 50% → arena (s)

% Tamiz 200 (0,08 mm): >12% e índice de plasticidad (23,2 − 15,7) = 7,5 > 7

Es decir, arenas arcillosas, mezcla de arena y arcilla. La clasificación según USCS es SC.

EJERCICIO 1.8

En dos suelos diferentes (1 y 2) se realizaron análisis granulométricos con los resultados indicados en la tabla adjunta:

Abertura [mm]	Suelo 1 (% pasa)	Suelo 2 (% pasa)
20	100	96
10	54	72
5	45	45
2	28	34
0,4	6	18
0,08	2	6

Se pide clasificar con la USCS el suelo que resulta de mezclar los suelos 1 y 2 en proporción 2:1.

Solución

Los valores facilitados en el enunciado son los de la cantidad de suelo que pasa por cada uno de los materiales. Como la proporción de la mezcla es 2:1, para hallar el porcentaje del material conjunto se procede de la siguiente manera:

$$\% \text{ Suelo conjunto} = \frac{2 \cdot \% \text{ Suelo 1} + \% \text{ Suelo 2}}{3}$$

De esta forma resultaría la siguiente curva granulométrica.

Abertura [mm]	Suelo 1 (% pasa)	Suelo 2 (% pasa)	Mezcla (2:1)
20	100	96	98,6
10	54	72	$60 \rightarrow D_{60}$
5	45	45	45
2	28	34	$30 \rightarrow D_{30}$
0,4	6	18	$10 \rightarrow D_{10}$
0,08	2	6	3

La mezcla se puede clasificar como grava.

Como se puede ver de la curva granulométrica del conjunto:

$D_{60} = 10$ mm.

$D_{30} = 2$ mm.

$D_{10} = 0,4$ mm.

Y a partir de estos valores se pueden obtener los coeficientes de uniformidad y de curvatura

Coeficiente de uniformidad: $C_u = \dfrac{10}{0,4} = 25 > 4$

Coeficiente de curvatura: $C_c = \dfrac{2^2}{10 \cdot 0,4} = 1$

Por tanto, la clasificación del suelo sería GW (grava bien graduada).

EJERCICIO 1.9

La clasificación USCS del relleno granular, sabiendo que se obtiene al mezclar dos toneladas de Suelo 1 por cada tonelada de Suelo 2 (pesos secos), y que las curvas granulométricas de los Suelos 1 y 2 son las indicadas en el cuadro adjunto.

Tamiz UNE		5	2,5	1,25	0,4	0,2	0,08
Suelo 1	% Pasa	90	55	35,3	25	8	2
Suelo 2	% Pasa	90	70	44	70	14	8

Se pide clasificar según la USCS el suelo que resulta de mezclar los suelos 1 y 2 en proporción 2:1.

Solución

Tamiz UNE		5	2,5	1,25	0,4	0,2	0,08
Suelo 1	% Pasa	90	55	35,3	25	8	2
Suelo 2	% Pasa	90	70	44	70	14	8
Mezcla (2:1)		90	60	38,2	30	10	4
			$\downarrow$ D_{60}	D_{50} $\downarrow$ Arena (s)	$\downarrow$ D_{30}	$\downarrow$ D_{10}	

Los valores facilitados en el enunciado son los de la cantidad de suelo que pasa por cada uno de los materiales. Como la proporción de la mezcla es 2:1, para hallar el porcentaje del material conjunto se procedería de la siguiente manera:

$$\% \text{ Suelo conjunto} = \frac{2 \cdot \% \text{ Suelo 1} + \% \text{ Suelo 2}}{3}$$

De esta forma resultaría la siguiente curva granulométrica.

La mezcla se puede clasificar como arena.

Como se puede ver de la curva granulométrica del conjunto:

$D_{60} = 2,5$ mm.

$D_{30} = 0,4$ mm.

$D_{10} = 0,2$ mm.

Y a partir de estos valores se pueden obtener los coeficientes de uniformidad y de curvatura:

Coeficiente de uniformidad: $C_u = \dfrac{2,5}{0,5} = 12,5 > 6$

Coeficiente de curvatura: $C_c = \dfrac{0,4^2}{2,5 \cdot 0,2} = 0,3$

El valor de C_c no se encuentra entre 1 y 3.

Por tanto, la clasificación del suelo sería SP (arena mal graduada)

EJERCICIO 1.10

Se ha extraído una muestra de arcilla en campo, que estaba parcialmente saturada. Al ensayarla en laboratorio se obtuvieron los siguientes resultados:

*   Peso específico relativo de sus partículas, $G_s = 2,60$.

*   Peso total de la muestra, $W_t = 2,5$ N.

*   Volumen total, $V_t = 150$ cm^3.

*   Después de secarla al horno, el peso de las partículas sólidas es: $W_s = 2,1$ N.

Se pide:

1. Índice de huecos.

2. Contenido de humedad.

3. Peso específico (aparente) del suelo húmedo.

4. Grado de saturación.

Solución

1) En primer lugar, se determina el diagrama de fases del suelo. Se conoce el valor del volumen total de la muestra (150 cm^3) ya que es un dato del enunciado.

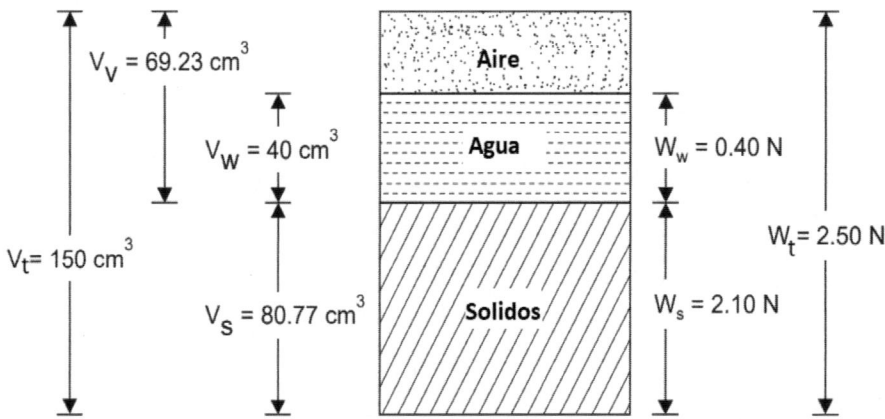

El peso de agua se determina como el peso total de la muestra y el peso seco de la muestra, resultaría:

$$W_w = W_t - W_s = 2,5N - 2,1N$$

$$W_w = 0,4 \text{ N}$$

El volumen de agua es:

$$\gamma_w = \frac{W_w}{V_w}; \quad V_w = \frac{W_w}{\gamma_w} = \frac{0,4N}{10000 \text{ N/m}^3} \frac{100^3 \text{ cm}^3}{1\text{m}^3};$$

$$V_w = 40 \text{ cm}^3$$

El volumen de la fracción sólida se puede obtener ya que se conoce el peso de los sólidos (2,1 N) y el peso específico relativo de las partículas 2,60.

Por tanto,

$$V_s = \frac{W_s}{\gamma_s}$$

y

$$G_s = \frac{\gamma_s}{\gamma_w}$$

$$\gamma_s = G_s, \gamma_w = 2,6 \times 10 \, KN/m^3 = 26 \, KN/m^3$$

$$V_s = \frac{2,1 \, N}{26000 \, N/m^3} \frac{100^3 \, cm^3}{1m^3}$$

$$V_s = 80,77 \, cm^3$$

Y el volumen de huecos con aire se obtiene restando al volumen total el volumen de sólidos y el volumen de agua:

$$V_v = V_t - V_s - V_w = (150 - 80,77) cm^3$$

$$V_v = 69,23 \, cm^3$$

Luego, el índice de huecos es:

$$e = \frac{V_v}{V_s} = \frac{69,23 \, cm^3}{80,77 \, cm^3}$$

$$e = 0,857$$

2) El contenido de humedad viene dado por el cociente entre el peso del agua y el peso de las partículas sólidas:

$$w(\%) = \frac{W_w}{W_s} 100 = \frac{0,4 \, N}{2,1 \, N} \times 100$$

$$w(\%) = 19,05\%$$

3) El peso específico del suelo húmedo es el cociente entre la suma del peso seco de la muestra y el peso del agua (peso total) dividido por el volumen total de la muestra.

$$\gamma_h = \frac{W_s + W_w}{V_t} = \frac{2,5 \, N}{150 cm^3} \frac{1KN}{1000N} \frac{100^3 cm^3}{1m^3}$$

$$\gamma_h = 16,7 \, KN/m^3$$

4) El grado de saturación es la relación entre el volumen de agua y el volumen total de huecos.

$$S_r = \frac{V_w}{V_v} \times 100 = \frac{40 \text{ cm}^3}{69,23 \text{ cm}^3} \times 100$$

$$S_r = 57,8\%$$

Capítulo 2

PRESIONES EN EL TERRENO

EJERCICIO 2.1

Un depósito de suelos está formado por arenas y arcillas que descansan sobre roca. Las características medias de esos terrenos se indican en el croquis adjunto. Las arenas por encima del nivel freático tienen un grado de saturación (S_r) del 80%.

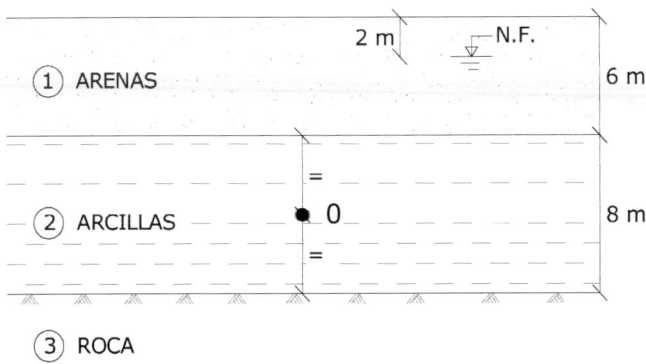

Arenas	$G_s = 2,7$	$e = 0,7$
Arcillas	$\omega = 38\%$	$e = 1,02$

Se pide, calcular la presión vertical efectiva en el punto "0", centro del estrato de arcillas (se tomará como valor del peso específico del agua, $\gamma_w = 9,81$ kN/m³).

Solución

Como el nivel freático está situado a 2 m de profundidad de la superficie del terreno, en la zona por encima del nivel freático habrá que considerar el peso específico aparente (γ_w) y, por debajo del mismo, el peso específico sumergido (γ').

En la capa da arcillas, al encontrarse por debajo del nivel freático, se empleará el peso específico sumergido.

Arena

• Peso específico sumergido (γ')

$$\gamma' = \frac{G_s - 1}{1+e}\gamma_w = \frac{2,7-1}{1+0,7}\cdot 9,81 = 9,81 \text{ kN/m}^3$$

donde G_s es el peso específico relativo de las partículas y e el índice de huecos.

- Peso específico aparente (γ_{ap}):

$$\gamma_{ap} = \frac{G + w}{1 + e}\gamma_w = \frac{2,7 + 0,8 \times 0,7}{1 + 0,7}\ 9,81 = 18,8\ \text{kN/m}^3$$

siendo (w) la humedad del 80%.

Arcillas

Al estar saturadas las arcillas todos los poros están llenos de agua.

$$\omega = \frac{e \cdot \gamma_w}{\gamma_s} = \frac{1,02 \cdot 9,81}{\gamma_s} = 0,38$$

operando

$$\gamma_s = 26,33\ \text{kN/m}^3$$

$$\gamma_s \frac{G + e}{1 + e}\gamma_w = 18\ \text{kN/m}^3$$

Peso específico sumergido

$$\gamma' = \gamma_{sat} - \gamma_w = 18 - 9,81 = 8,2\ \text{kN/m}^3$$

Para calcular la tensión vertical efectiva, hay que calcular el peso efectivo de la columna de terreno que hay por encima del punto estudiado (punto 0).

Tensión efectiva

$$\sigma'_{vo} = 2 \times 18,8 + 4 \times 9,81 + 4 \times 8,2 = 109,6\ \text{kPa}$$

EJERCICIO 2.2

En la figura adjunta se muestra el perfil tipo de un terreno. Como se puede ver el terreno presenta una estratificación en varias capas horizontales. La más superficial tiene un espesor de 5 m y está compuesta por arena limosa con un peso específico seco (γ_d) de 17,5 kN/m^3.

Debajo existe una zona con grava fina de 3 m de potencia y con peso específico seco (γ_d) 19,8 kN/m^3 y saturado (γ_{sat}) de 20,5 kN/m^3. A continuación se encuentra una capa de limo de 6 m de espesor con peso específico saturado de 18,7 kN/m^3.

Bajo la capa de limos existe una capa de arcilla de 6 m de potencia y peso específico saturado (γ_{sat}) de 21,0 kN/m^3.

Finalmente, aparece el sustrato constituido por margas.

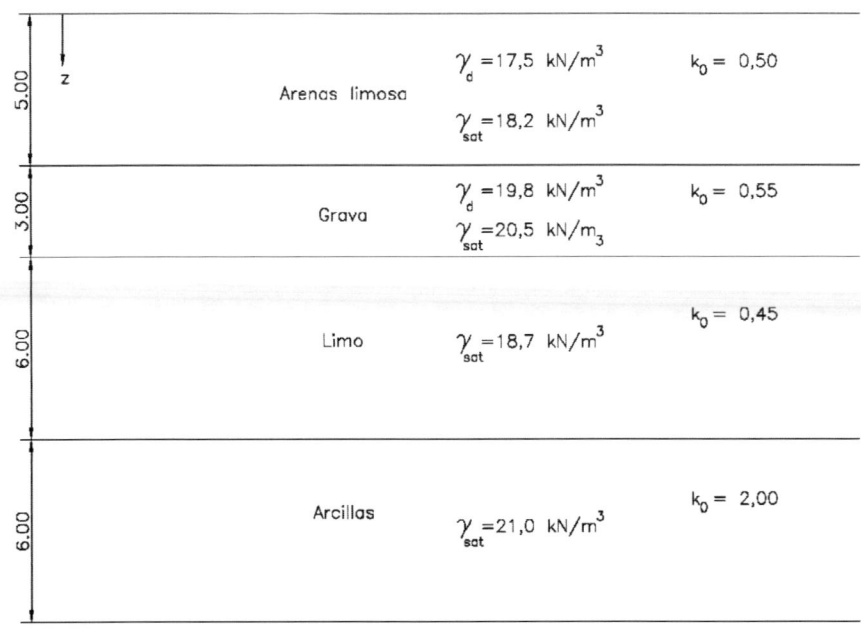

Además, se ha podido determinar el valor del coeficiente de empuje al reposo in situ. Los valores serían los siguientes:

- Arena limosa: $k_0 = 0,50$
- Grava fina: $k_0 = 0,55$
- Limo: $k_0 = 0,45$
- Arcilla: $k_0 = 2,00$

El nivel freático se sitúa a 5,5 m de profundidad.

Asumiendo la hipótesis de que por encima del nivel freático el peso específico de los suelos es el peso específico seco, se pide calcular las leyes de tensiones efectivas verticales y horizontales.

Datos: $\gamma_w = 10$ kN/m^3.

Solución

Consideramos la condición hidrostática con el nivel freático está situado a 5,5 m de profundidad. Las tensiones totales verticales se obtienen como suma de los pesos específicos multiplicados por los espesores correspondientes. Para obtener las tensiones efectivas se aplica el principio de la presión efectiva de Terzaghi.

$$\sigma' = \sigma - u$$

La presión intersticial se determina mediante la siguiente ley:

$$u = z \cdot \gamma_w$$

siendo z la profundidad bajo el nivel piezométrico.

Los datos geométricos del problema son:

Punto	1	2	3	4	5	6
z (m)	0	5	5,5	8	14	20
z_w (m)	0	0	0	2,5	8,5	14,5

A partir de las expresiones anteriores se calcula las tensiones verticales (σ_v), las presiones intersticiales (u) y las tensiones efectivas (σ'_v).

Punto 2	$\sigma_v = 5 \cdot 17,5 = 87,5$ kPa	u = 0	$\sigma'_v = 87,5$ kPa
Punto 3	$\sigma_v = 87,5 + 0,5 \cdot 19,8 = 97,4$ kPa	u = 0	$\sigma'_v = 97,4$ kPa
Punto 4	$\sigma_v = 97,4 + (8 - 5,5) \cdot 20,5 = 148,65$ kPa	u = 25	$\sigma'_v = 148,65 - 25 = 123,65$ kPa
Punto 5	$\sigma_v = 148,65 + 6 \cdot 18,7 = 260,85$ kPa	u = 85	$\sigma'_v = 260,85 - 85 = 175,85$ kPa
Punto 6	$\sigma_v = 260,85 + 6 \cdot 21 = 386,85$ kPa	u = 145	$\sigma'_v = 386,85 - 145 = 241,85$ kPa

Las tensiones horizontales efectivas (σ'_h) se calculan mediante el coeficiente de empuje al reposo k_o.

$$\sigma'_h = k_o \, \sigma'_v$$

	k_o	σ'_h (kPa)	σ_h (kPa)
Punto 2a	0,5	$0,5 \cdot 87,5 = 43,75$	43,75
Punto 2b	0,55	$0,55 \cdot 87,5 = 48,125$	48,125
Punto 3	0,55	$0,55 \cdot 97,4 = 53,57$	53,57
Punto 4a	0,55	$0,55 \cdot 123,65 = 68,00$	$68,00 + 25 = 93$
Punto 4b	0,45	$0,45 \cdot 123,65 = 55,64$	$55,64 + 25 = 80,64$
Punto 5a	0,45	$0,45 \cdot 175,85 = 79,13$	$79,13 + 85 = 164,13$
Punto 5b	2	$2 \cdot 175,85 = 351,7$	$351,7 + 85 = 436,7$
Punto 6	2	$2 \cdot 241,85 = 483,7$	$483,7 + 145 = 628,7$

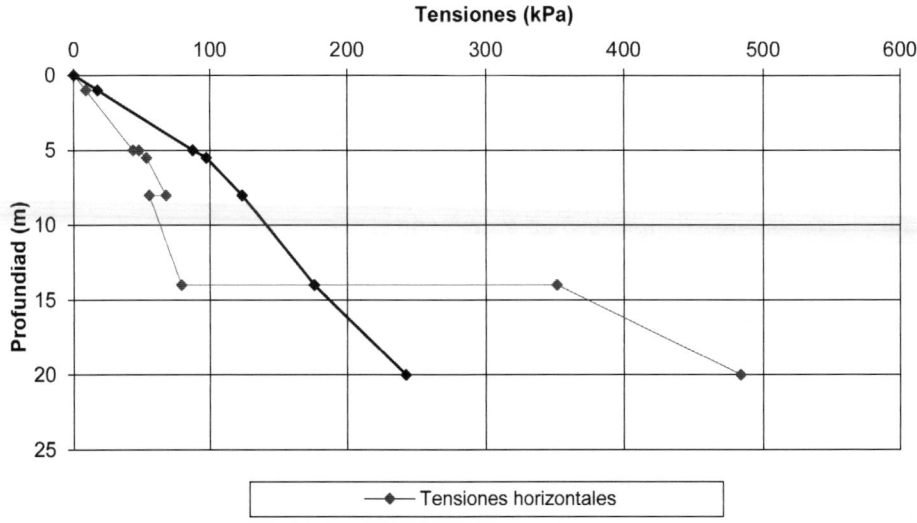

EJERCICIO 2.3

Se va a construir una estructura en el terreno de la figura adjunta, compuesto por una capa de arenas de 5 m ($\gamma_{ap} = 18$ kN/m^3, $\gamma_{sat} = 19$ kN/m^3) y una capa indefinida de limos ($\gamma_{sat} = 18,5$ kN/m^3, LL = 45, LP = 25).

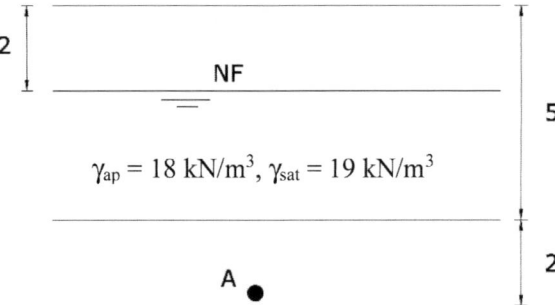

Cuando el nivel freático se sitúa a 2 m de profundidad la tensión horizontal total en A es igual a 143,74 kPa.

Debido a algunos trabajos previos de la obra, el nivel del agua desciende 1 m (se sitúa a 3 m de profundidad).

Además, se conoce que el estado tensional en tensiones efectivas que produce la estructura en el punto A está definido por el polo (200 kPa, 20 kPa), que corresponde con el estado tensional sobre un plano que forma 120° con la horizontal en estado antihorario.

Se pide definir el círculo de Mohr (centro, radio, polo) en tensiones efectivas tras construir la estructura.

Solución

En primer lugar, es necesario conocer las tensiones antes de comenzar la obra.

* Tensión vertical total.

El punto A se sitúa a 7 m de profundidad.

$$\sigma_v = 18 \cdot 2 + 3 \cdot 19 + 2 \cdot 18,5 = 130 \text{ kPa}$$

Para calcular las presiones intersticiales se conoce que el punto A se sitúa 5 m por debajo del nivel freático. Considerando que el peso específico del agua es $\gamma_w = 10 \text{ kN/m}^3$

$$u = 10 \cdot 5 = 50 \text{ kPa}$$

La presión efectiva se puede obtener, de acuerdo al principio de Terzaghi, como la tensión total menos la presión intersticial

$$\sigma'_v = 130 - 50 = 80 \text{ kPa}$$

El valor de la tensión total horizontal es un dato del enunciado.

$$\sigma_h = 143,74$$

Como la presión intersticial es igual en todas las direcciones es posible determinar la resistencia efectiva horizontal como la tensión total horizontal menos la presión intersticial

$$\sigma'_h = 143,74 - 50 = 93,74 \text{ kPa}$$

El valor del coeficiente de empuje se puede obtener como el cociente entre la tensión horizontal efectiva y la tensión vertical efectiva. En este caso, el valor obtenido corresponde al coeficiente de empuje al reposo para un suelo sobreconsolidado.

$$K_{o,sc} = \frac{93,74}{80} = 1,17$$

A partir de los datos de la plasticidad del terreno es posible obtener el valor del coeficiente de empuje al reposo para suelos normalmente consolidados.

$$K_{0,NC} = 0,44 + 0,042 \, IP$$

$$K_{o,NC} = 0,44 + 0,042 \, (45 - 25) = 0,524$$

Y conocido el valor del coeficiente de empuje al reposo para suelos sobreconsolidados y normalmente consolidado se obtiene el valor de la razón de sobreconsolidación de OCR:

$$K_{0,SC} = 1,17 = 0,524 \, \sqrt{OCR}$$

$$1,17 = 0,524 \, \sqrt{OCR}$$

$$OCR = 5$$

Y cuando es conocido OCR se puede conocer la tensión de sobreconsolidación

$$\sigma'_{v \, scons} = 5 \cdot 80 = 400 \, kPa$$

Posteriormente, desciende nivel freático por lo que cambia el estado tensional. La nueva tensión vertical es:

$$\sigma_v = 18 \cdot 3 + 2 \cdot 19 + 2 \cdot 18,5 = 129 \, kPa$$

La presión intersticial es

$$u = 10 \cdot 4 = 40 \, kPa$$

La tensión vertical efectiva es

$$\sigma'_v = 129 - 40 = 89 \, kPa$$

Para calcular la tensión horizontal efectiva es necesario estimar el nuevo coeficiente de empuje al reposo.

$$\sigma'_h = 89 \cdot 0,524 \left(\frac{400}{89}\right)^{0,5} = 98,4 \, kPa$$

Una vez que se conocen las tensiones en el terreno, se deben determinar las tensiones producidas por la estructura en el punto A. El enunciado indica el valor de las tensiones del polo y el plano en el que actúan.

$$tg \, 30^\circ = \frac{20}{x}$$

$$x = 34,61$$

Ahora se calcula el centro y el radio del círculo de Mohr

$$p = 200 - 34,64 = 165,36 \, kPa$$

$$q = \sqrt{34,64^2 + 20^2} = 40$$

$$\begin{cases} \sigma_v = (165{,}36 - 34{,}64) = 130{,}72 \text{ kPa} \quad \tau = 20 \\[2mm] \sigma_h = (165{,}36 + 34{,}64) = 200\text{kPa}200 \text{ kPa} \quad \tau = -20 \end{cases}$$

Para sumar el estado tensional del terreno y de la estructura, se tiene que sumar las tensiones aplicadas sobre planos de igual dirección. En este caso sobre la tensión vertical y horizontal.

$$\sigma'_v = 89 + 130{,}72 = 219{,}72 \text{ kPa}; \qquad \tau = 20 \text{ kPa}$$

$$\sigma'_h = 98{,}4 + 200 = 298{,}4 \text{ kPa}; \qquad \tau = -20 \text{ kPa}$$

Conocidos estos dos puntos del círculo de Mohr es inmediato determinar el centro y el radio de dicho círculo

$$p = 259 \text{ kPa};$$

$$q = \sqrt{\left(\frac{(298{,}4 - 219{,}72)}{2}\right)^2 + 20^2} = 44{,}13 \text{ kPa}$$

Para conocer el polo se traza una vertical por el punto correspondiente a la tensión vertical efectiva hasta que intersecta con la circunferencia. Sería el punto simétrico respecto al eje horizontal.

$$\text{Polo } (298{,}4,\ 20) \text{ kPa}$$

Las tensiones principales mayores y menores serían igual, respectivamente, al centro del círculo más el radio y menos el radio

$$\sigma_1 = 303{,}13 \text{ kPa}$$

$$\sigma_2 = 214{,}87 \text{ kPa}$$

Y los ángulos que forman los planos principales se pueden obtener mediante trigonometría uniendo el polo con las tensiones principales.

$$\text{tg } \alpha_1 = \frac{20}{303{,}13 - 298{,}4} = 4{,}23$$

$$\alpha_1 = 76{,}7^\circ$$

$$\text{tg } \alpha_3 = \frac{20}{298{,}4 - 214{,}87} = 0{,}239$$

$$\alpha_3 = 13{,}3^\circ$$

EJERCICIO 2.4

En una zona portuaria, donde el nivel freático oscila diariamente con la marea entre las cotas – 2 m (pleamar) y – 3 m (bajamar), la estratigrafía de techo a base es la siguiente:

- de 0 a – 4 m: nivel de rellenos.

- de – 4 a – 7 m: nivel de limos.

- de – 7 a – 12 m: nivel de arenas.

Para caracterizar el terreno se han tomado una serie de muestras representativas y se han realizado distintos ensayos en laboratorio obteniendo los siguientes datos:

A. De los rellenos se toma una muestra a un metro de profundidad que puede considerarse representativa de dicho material por encima del nivel freático (N.F.). En laboratorio se determina que el peso específico aparente (γ_{ap}) es 17,5 kN/m^3 y que el peso específico relativo de las partículas (γ_s) es 2,6. Además, se satura la muestra obteniendo que el valor del peso específico saturado (γ_{sat}) es 18 kN/m^3. Por último, se determina que el ángulo de rozamiento es 28°.

B. Del nivel de limos se toma una muestra representativa de todo el estrato, resultando que su peso específico saturado (γ_{sat}) es de 19 kN/m^3, su humedad es del 26,6%, y su índice de plasticidad (IP) es 28,6.

C. De la capa de arenas se conoce que el peso específico saturado es 20 kN/m^3, el índice de huecos es 0,6 y el ángulo de rozamiento 34°.

Se pide:

1. Calcular los siguientes parámetros de los terrenos

    a) Grado de saturación del relleno a 1 m de profundidad.

    b) Porosidad de los limos.

    c) Humedad de las arenas.

2. Ley de *tensiones horizontales totales* entre las cotas 0 y – 12 m, para la situación de pleamar (cota del nivel del agua –2). Se puede considerar la hipótesis de presiones intersticiales según la ley hidrostática.

Solución

1.

a) A partir de la expresión del peso específico saturado es posible determinar el valor del índice de huecos.

$$\gamma_{sat} = 18 = \frac{26 + 10 \cdot e}{1 + e} = 18 + 18e = 26 + 10e$$

$$8e = 8$$

$$e = 1$$

Y conocido el índice de huecos, la expresión del peso específico aparente permite obtener el índice de huecos llenos de agua

$$\gamma_{ap} = 17,50 = \frac{\gamma_s + e_w \cdot \gamma_w}{1 + e} = \frac{26 + e_w \cdot 10}{1 + e}$$

$$2 \cdot 17,5 = 26 + 10 \, e_w$$

$$e_w = 0,9$$

Obtenidos ambos índices de huecos (total con agua) se determina el grado de saturación de la muestra.

$$S_r = \frac{e_w}{e} = \frac{0,9}{1} = 0,9 \quad \rightarrow \quad 90\%$$

b) El peso específico saturado corresponde a la situación en la que todos los huecos estén llenos de agua. Para el caso de los limos, se tendría:

$$19 = \frac{\gamma_s + 10 \, e_w}{1 + e}$$

$$e_w = e$$

La humedad (w = 26,6%) permite conocer la relación entre el peso específico de las partículas y el índice de huecos.

$$w = \frac{e_w \cdot \gamma_w}{\gamma_s} = \frac{e_w \cdot 10}{\gamma_s}$$

$$0,0266 \cdot \gamma_s = e$$

Con las dos expresiones anteriores podemos obtener el peso específico de las partículas y el índice de huecos.

$$19 = \frac{\gamma_s + 0,266 \, \gamma_s}{1 + 0,0266 \, \gamma_s} \rightarrow 19 + 0,5054 \, \gamma_s = 1,266 \, \gamma_s$$

$$\gamma_s = 25 \text{ kN/m}^3$$

$$e = 0,664$$

Conocido el índice de huecos es posible determinar la porosidad.

$$\frac{n}{1} = \frac{e}{1+e} = \frac{0,664}{1,664} = 0,4$$

c) Para las arenas los datos de partida son el peso saturado y el índice de huecos. Por tanto, se puede obtener el peso específico de las partículas

$$20 = \frac{\gamma_s + 0,6 \cdot 10}{1 + 0,6} 32 - 6 = \gamma s$$

$$\gamma s = 26 \text{ kN/m}^3$$

Con el peso específico de las partículas y el índice de huecos se obtiene la humedad de la muestra

$$w = \frac{0,6 \cdot 10}{26} = 0,23 \rightarrow 23\%$$

2. Suelo sobreconsolidado (S.C.). Cuando hay bajamar las tensiones son mayores.

Tensiones en bajamar, que corresponden cuando el nivel freático está situado a la cota – 3m.

z	σ_v (kPa)	u (kPa)	σ'_v (kPa)
0	0	0	0
2	2·17,5 = 35	0	35
4	2·17,5 + 2·18 = 71	10	61
4	2·17,5 + 2·18 = 71	10	61
7	71 + 19·3 = 128	40	88
7	71 + 19·3 = 128	40	88
12	128 + 20·5 = 228	90	138

Tensiones en pleamar. El suelo está sobreconsolidado porque en bajamar las tensiones eran superiores. En pleamar la cota del nivel del agua es la – 2m.

z	σ_v (kPa)	u (kPa)	σ'_v (kPa)	Knc	ocr	Ksc	σ'_h (kPa)	σ_h (kPa)
0	0	0	0		0		0	0
2	2·17,5 = 35	0	35	1 – sen 28° = 0,53	0	0,53	18,55	18,55
4	2·17,5 + 2·18 = 71	20	51	1 – sen 28° = 0,53	61/51 = 1,19	0,58	29,58	49,58
4	2·17,5 + 2·18 = 71	20	51	0,44 + 0,0042 IP = 0,44 + 0,0042 28,6 = 0,56	61/51 = 1,19	0,61	31,11	51,11
7	71 + 19·3 = 128	50	78	0,44 + 0,0042 IP = 0,56	88/78 = 1,12	0,59	46,02	96,02
7	71 + 19·3 = 128	50	78	1 – sen 34° = 0,44	88/78 = 1,12	0,466	36,35	86,348
12	128 + 20·5 = 228	100	128	1 – sen 34° = 0,44	138/128 = 1,07	0,455	58,24	158,24

EJERCICIO 2.5

En un terreno arenoso normalmente consolidado y con el nivel freático a la cota 658 m se construyó un edificio de grandes dimensiones cimentado con una losa que apoyaba en el terreno a la cota 660. En un período de sequía prologado el nivel del agua descendió temporalmente hasta la cota 657 m.

El informe geotécnico indica que por encima del nivel del agua el área presenta un peso específico aparente (γ_{ap}) de 19 kN/m^3, que el peso específico saturado (γ_{sat}) es 20 kN/m^3 y que el ángulo de rozamiento es de 33°.

Recientemente el edificio ha sido demolido para construir un nuevo edificio y se ha realizado una excavación general hasta la cota 655 m. También se ha rebajado el nivel freático manteniéndose de manera constante el agua a la cota 653 m (las presiones intersticiales se rigen por una ley hidrostática desde dicha cota).

Si antes de construir el nuevo edificio se sabe que en el punto situado en el centro de la parcela a la cota 650 m la tensión horizontal total es de 100,95 kPa, se pide determinar la tensión que transmitía al terreno la losa del edificio demolido (se puede suponer que la losa transmitía una tensión uniforme).

Solución

Punto de estudio cota 650

– Tensión vertical efectiva para la situación inicial (cota 660 m).

$$\sigma'_v = 19 \cdot 2 + (20 - 10) - 8 + P = 118 + p$$

- Tensión vertical efectiva después del descenso nivel del agua hasta la cota 657 m.

$$\sigma'_v = 19 \cdot 3 + (20 - 10) - 7 + p = 127 + p$$

- Tensión vertical efectiva después de la excavación hasta cota 655 m.

$$\sigma'_v = 19 \cdot 2 + (20 - 10) \cdot 3 = 68 \text{ kPa}$$

- Tensión horizontal efectiva que se puede obtener a partir de la tensión horizontal total que es dato del enunciado ($\sigma_h = 100{,}95$ kPa)

$$\sigma'_h = \sigma_h - u$$

$$\sigma'_h = 100{,}95 - 30 = 70{,}95 \text{ kPa}$$

- Coeficiente de empuje al reposo en condiciones normalmente consolidada, según la fórmula de Jaky

$$k_{0_{NC}} = 1 - \text{sen } \phi' = 1 - \text{sen } 33 = 0{,}455$$

- Coeficiente de empuje al reposo en condiciones sobreconsolidadas (OCR[1])

$$k_{osc} = k_0 \, (OCR)^{0,5}$$

$$k_{0_{SC}} = 0{,}455 \left(\frac{\sigma'_{max}}{68} \right)^{0,5}$$

Obtenemos el valor de k_{osc}

$$70{,}95 = k_{osc} - 68$$

$$k_{osc} = 1{,}042$$

Y conocido el valor de k_{osc} es posible obtener el valor de $\sigma'_{máx}$

$$1{,}042 = 0{,}455 \left(\frac{\sigma'_{max}}{68} \right)^{0,5}$$

$$\sigma'_{max} = 357 \text{ kPa}$$

La tensión máxima es igual a la suma de la tensión geostática (debida al peso del terreno) más la tensión transmitida por el edificio (que se supone contante).

Presión del edificio (p)

$$357 = 127 + p$$

$$p = 230 \text{ kPa}$$

---

[1] OCR: razón de sobreconsolidación

EJERCICIO 2.6

Se quiere construir una torre de 22 plantas en una parcela rectangular de grandes dimensiones (850 m $\times$ 50 m) que presenta la siguiente estratigrafía de estratos horizontales:

De cota + 100 a + 98 m (Suelo 1)

$\gamma_{ap} = 18$ kN/m^3;

$\gamma_{sat} = 19$ kN/m^3

De cota + 98 a + 94 m (Suelo 2)

$\gamma_{ap} = 19$ kN/m^3;

$\gamma_{sat} = 20$ kN/m^3

De cota + 94 a + 70 m (Suelo 3)

$\gamma_{ap} = 19$ kN/m^3;

$\gamma_{sat} = 19{,}5$ kN/m^3; LL = 45 LP = 45 OCR = 1,2.

El nivel freático es horizontal y se sitúa a la cota + 96,5 m.

Se pide determinar la tensión horizontal total, tras estabilizarse las tensiones una vez finalizadas las siguientes etapas constructivas, y para un punto situado en planta en el centro de la parcela y a la cota + 85 m:

1. Situación inicial

2. Excavación de 3 m hasta la cota + 97 m

3. Rebajamiento del nivel freático hasta la cota + 90 m. Se puede suponer que el terreno entre el nivel freático inicial (cota + 96,5 m) y el final (cota + 90 m) mantiene el peso específico saturado.

4. Excavación hasta la cota + 91 m.

5. Aplicación de la carga del edificio que se puede estimar en 220 kPa.

Solución

1. Situación actual (inicial)

Tensión vertical efectiva inicial

$$\sigma'_v = 2 \cdot 18 + 1{,}5 \cdot 19 + 2{,}5 \cdot 10 + 9 \cdot 9{,}5 = 175 \text{ kPa}$$

Como se conoce que el terreno está sobreconsolidado y la razón de sobreconsolidación es un dato del enunciado (OCR = 1,2) es posible calcular la tensión vertical máxima efectiva que ha tenido el terreno.

$$k_{o_{SC}} = 0{,}44 + 0{,}0042 \cdot IP = 0{,}524$$

$$k_{o_{SC}} = 0{,}44 + 0{,}0042 \cdot 20 = 0{,}524$$

$$k_{o_{NC}} = 0{,}524 \sqrt{1{,}2} = 0{,}574$$

$$\sigma'_{v_{max}} = 175 \cdot 1{,}2 = 210 \text{ kPa}$$

Conocido el valor de la tensión vertical efectiva y el coeficiente de empuje al reposo sobreconsolidado se obtiene la tensión horizontal efectiva

$$\sigma'_h = 17{,}5 \cdot 0{,}574 = 100{,}45 \text{ kPa}$$

Ahora se obtiene la presión intersticial del agua

$$u = 10 (96{,}5 - 85) = 11{,}5 \cdot 10 = 115 \text{kPa}$$

Sumando la tensión horizontal efectiva y la presión intersticial del agua se obtiene la tensión horizontal total.

$$\sigma_h = 100{,}45 + 115 = 215{,}45 \text{ kPa}$$

2. Excavación a cota 97

Tensión vertical efectiva inicial

$$\sigma'_v = 0{,}5 \cdot 19 + 2{,}5 \cdot 10 + 9 \cdot 9{,}5 = 120 \text{ kPa}$$

Como cambia la tensión vertical efectiva cambia la razón de sobreconsolidación (OCR) y, por tanto, la el coeficiente de empuje sobreconsolidado

$$k_{o_{SC}} = 0{,}524 \sqrt{\frac{210}{120}} = 0{,}693$$

La tensión horizontal efectiva es

$$\sigma'_h = 120 \cdot 0{,}693 = 83{,}18 \text{ kPa}$$

La tensión horizontal total se obtiene sumando a la tensión horizontal efectiva la presión intersticial

$$\sigma_h = 83{,}18 + 115 = 198{,}18 \text{ kPa}$$

3. Rebajamiento del nivel freático hasta cota 90

La tensión vertical horizontal efectiva es

$$\sigma'_v = 0,5 \cdot 19 + (96,5 - 94)\, 20 + (94 - 90)\, 19,5 + 5 \cdot 9,5 = 185 \text{ kPa}$$

Como cambia la tensión vertical efectiva cambia la razón de sobreconsolidación (OCR) y, por tanto, la el coeficiente de empuje sobreconsolidado

$$k_{osc} = 0,524 \sqrt{\frac{210}{185}} = 0,558$$

Tensión horizontal efectiva

$$\sigma'_h = 185 \cdot 0,558 = 103,3 \text{ kPa}$$

Presión intersticial
$$u = 5 \cdot 10 = 50 \text{ kPa}$$

La tensión horizontal total se obtiene sumando a la tensión horizontal efectiva y la presión intersticial

$$\sigma_h = 83,18 + 115 = 198,18 \text{ kPa}$$

4. Excavación cota 91 m

Tensión vertical efectiva inicial

$$\sigma'_v = 1 \cdot 19,5 + 5 \cdot 9,5 = 67 \text{ kPa}$$

Como cambia la tensión vertical efectiva cambia la razón de sobreconsolidación (OCR) y, por tanto, el coeficiente de empuje sobreconsolidado sería:

$$k_{osc} = 0,524 \sqrt{\frac{210}{67}} = 0,927$$

La tensión horizontal efectiva es

$$\sigma'_h = 37 \cdot 0,927 = 62,15 \text{ kPa}$$

La tensión vertical horizontal total se obtiene sumando a la tensión horizontal efectiva la presión intersticial

$$\sigma_h = 62,15 + 50 = 112,155 \text{ kPa}$$

5. Aplicación de la carga del edificio (220 kPa)

Tensión vertical efectiva inicial

$$\sigma'_v = 67 + 220 = 287 \text{ kPa}$$

Como la tensión vertical efectiva es la máxima a lo largo de la historia del terreno se debe aplicar el coeficiente de empuje normalmente consolidado para obtener la tensión horizontal efectiva

$$\sigma'_h = 287 \cdot 0,524 = 150,388 \text{ kPa}$$

La tensión total horizontal se obtiene sumando a la tensión horizontal efectiva más la presión intersticial

$$\sigma_h = 150,388 + 50 = 200,388 \text{ kPa}$$

EJERCICIO 2.7

En un terreno arenoso horizontal normalmente consolidado se va a construir un nuevo edificio. Del estrato arenoso se conocen los siguientes datos, tomados antes del comienzo de las obras:

- $\gamma_{ap} = 18 \text{ kN/m}^3$.

- $\gamma_{sat} = 20 \text{ kN/m}^3$.

- Ángulo de rozamiento = 36°.

- Nivel freático situado a 5 m de la superficie del terreno.

Para esta situación inicial, antes del comienzo de las obras se pide resolver de manera analítica:

1. Dibujar, para un punto situado a 10 m de profundidad (Punto A), el círculo de Mohr en tensiones efectivas indicando el valor del centro y el radio, así como las coordenadas del polo. Se supondrá que el peso específico del agua es $\gamma_w = 10 \text{ kN/m}^3$.

2. Las obras de la urbanización producen un ascenso de 3 m del nivel freático situándose a 2 m de la superficie. Además, se conoce que la construcción del edificio produce en el punto A el estado tensional indicado por el círculo de Mohr, que sólo define el estado tensional en el punto A en tensines efectivas, correspondientes a la carga externa del edificio.

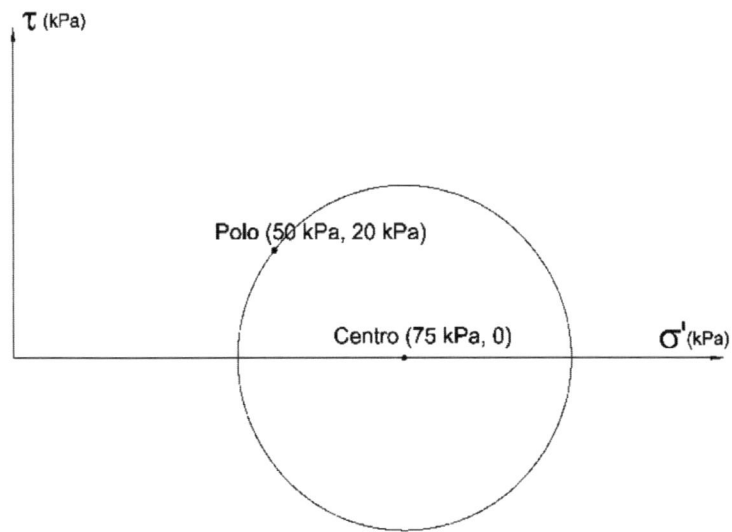

Para esta nueva situación (ascenso del nivel freático y construcción del edificio) se pide resolver de manera analítica:

a) Calcular el círculo de Mohr en tensiones efectivas del punto A para esta nueva situación. Se debe indicar la posición del centro y el radio.

b) Indicar las coordenadas del polo y las tensiones y direcciones principales.

Solución

1. En primer lugar se calculan las tensiones para la situación inicial en un punto situado a 10 m de profundidad respecto a la superficie del terreno. Al ser la condición geostática sobre un plano vertical y uno horizontal sólo existen tensiones normales.

- $\sigma_v = 18 \cdot 5 + 5 \cdot 20 = 190$ kPa

- $u = 50$ kPa

- $\sigma'_v = 190 - 50 = 140$ kPa

El coeficiente de empuje al reposo para un estado normalmente consolidado se obtiene con la expresión de Jaky.

$$k_{o\,NC} = 1 - \text{sen } \phi' = 1 - \text{sen } 36° = 0,412$$

$$\sigma'_h = 140 \cdot 0,412 = 57,71 \text{ kPa}$$

Conocidas las tensiones sobre un plano vertical y horizontal

$$\text{Centro} = \left(\frac{140 + 57,71}{2}\right) = (98,85 \text{ kPa}, 0)$$

$$\text{Radio} = \frac{140 - 57,71}{2} = 41,145 \text{ kPa}$$

$$\text{Polo} = (57,71 \text{ kPa}, 0)$$

2.

a) Antes de construir el edificio las obras producen un ascenso del nivel freático. El nivel freático queda a 2 m de la superficie.

- $\sigma_v = 2 \cdot 18 + 8 \cdot 20 = 196$ kPa

- $u = 80$ kPa

- $\sigma'_v = 116$ kPa

- $K_{o\,NC} = 0,412$

Al variar el nivel freático el terreno pasa a estar sobreconsolidado.

$$K_{O,SC} = k_{O,NC} \cdot (OCR)^{0,5}$$

$$K_{o\,SC} = 0,142 \left(\frac{140}{116}\right)^{0,5} = 0,453$$

$$\sigma'_h = 52,5 \text{ kPa}$$

Situación final

Carga del edificio:

Para sumar tensiones de diferentes estados es necesario conocer las tensiones que actúan sobre un mismo plano. En este caso se obtienen los valores sobre planos horizontales y verticales para poderlos sumar directamente al estado geostático.

Como se conoce el polo para obtener las tensiones sobre un plano horizontal, se traza una horizontal por el polo hasta que intersecte con el círculo de Mohr:

$$\sigma'_v = 75 + (75 - 50) = 100 \text{ kPa}; \quad \tau = 20 \text{ kPa}$$

Para las tensiones que actúan sobre un plano vertical por el polo es necesario trazar una línea vertical.

$$\sigma'_h = 75 - (75 - 50) = 50 \text{ kPa}; \quad \tau = 20 \text{ kPa}$$

El estado suma se obtiene sumando tensiones que actúen sobre un mismo plano (en este caso planos horizontales y verticales)

$$\sigma'_v = 100 + 116 = 216 \text{ kPa}$$

$$\sigma'_h = 50 + 52,5 = 102,5 \text{ kPa}$$

$$\tau = 20 \text{ kPa}$$

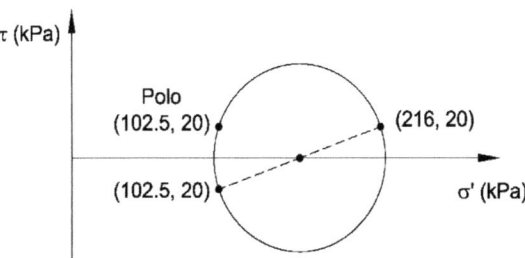

Como se conoce las tensiones que actúan sobre dos planos perpendiculares en la realidad (vertical y horizontal)

$$\text{Centro} = \left(\frac{216 + 102,5}{2}\right) = (159,25 \text{ kPa}, 0)$$

$$\text{Radio} = \sqrt{(216 - 159,25)^2 + 20^2} = 60,17 \text{ kPa}$$

b). Las tensiones del polo las podemos obtener trazando una horizontal por el punto (216,20) o una vertical por el punto (102,5, − 20). Las tensiones que resultan son:

$$102,5 \text{ kPa, } 20 \text{ kPa)}$$

Las tensiones principales se pueden obtener a partir del valor del centro y del radio:

- Tensión principal mayor: $\sigma_1 = 159,25 + 60,17 = 219,42$ kPa

- Tensión principal menor: $\sigma_3 = 159,25 - 60,17 = 99,08$ kPa

La dirección del plano en la que actúa la tensión principal mayor se puede obtener por trigonometría si se une el polo con la tensión principal mayor:

$$\tan \alpha_1 = \frac{20}{219,42 - 102,5}$$

Se obtiene $\alpha_1 = 9,7°$.

Y el ángulo del plano sobre el que actúa la tensión principal menor es el complementario, es decir, $90 - 9,7 = 80,3°$.

También se podría haber obtenido por trigonometría uniendo el polo con la tensión principal menor:

$$\tan \alpha_3 = \frac{20}{102,5 - 99,08}$$

EJERCICIO 2.8

Se va a construir un edificio en un terreno homogéneo cuya superficie se encuentra a la cota 200 m con un peso específico saturado de 21 kN/m³ y un ángulo de rozamiento de 34°. El nivel freático se sitúa en la superficie del terreno (cota 200 m).

Antes de comenzar la obra se estima que el terreno está sobreconsolidado. La razón de sobre consolidación para un punto A situado a la cota 188 m es 1,2.

Para construir el edificio es necesario excavar hasta la cota 192 m. Para evitar la presencia de agua durante la construcción del edificio el nivel del agua se mantiene mediante bombeo a la cota 192 m.

Las tensiones efectivas que el edificio construido produce en el punto A se pueden estimar a partir de los siguientes datos:

- El polo del círculo de Mohr es: (9,72 kPa, – 6 kPa).

- Un punto del círculo de Mohr es: (12,97, 7,74).

Se pide:

1. Calcular el círculo de Mohr en el punto A una vez realizada la excavación hasta la cota 192 m (nivel del agua cota 192 m) y antes de ser construido el edificio.

2. Calcular el círculo de Mohr en el punto A una vez construido el edificio (nivel del agua cota 192 m).

Solución

1. Excavación a corta 192 m:

Tensión efectiva actual

$$\sigma'_{vA} = (21 - 10) \cdot 12 = 132 \text{ kPa}$$

Como el enunciado indica que la razón de sobreconsolidación (OCR) es 1,2 se puede obtener que en el pasado la tensión efectiva máxima fue la siguiente:

$$\sigma'_{vA\,max} = 132 \cdot 1,2 = 158,4$$

El punto objeto de estudio está a la 188 m (profundidad de 4 m).

$$\sigma'_{vA} = (21 - 10) \cdot 4 = 44 \text{ kPa}$$

El coeficiente de empuje al reposo se debe obtener considerando que es un suelo sobreconsolidado.

$$k_o = (1 - \text{sen } 34) \left(\frac{158,4}{44}\right)^{0,5} = 0,836$$

La tensión vertical efectiva sería:

$$\sigma'_{hA} = 44 \cdot 0,836 = 36,8 \text{ kPa}$$

Como las tensiones verticales y horizontales son tensiones principales, se puede definir el círculo de Mohr:

$$\text{Centro} = \frac{44 + 36,8}{2} = 40,4 \text{ kPa}$$

$$\text{Radio} = \frac{44 - 36,8}{2} = 3,6 \text{ kPa}$$

2. Construcción del edificio

Se puede obtener el círculo de Mohr ya que se conocen dos puntos delm mismo (se debe recordar que el centro del círculo se encuentra en $\tau = 0$).

$$(9,72 - x)^2 + (-6)^2 = r^2$$

$$(12,97 - x)^2 + (7,74)^2 = r^2$$

$$94,48 + x^2 - 19,44 \, x + 36 = 168,22 + x^2 - 25,94x + 59,9$$

$$65x = 97,64$$

Centro: $x = 15$ kPa

Radio: $r = 8$ kPa

Como se conoce el polo del edificio, se pueden calcular las tensiones que actúan sobre un plano vertical y otro horizontal. Para ello desde el polo $(9,72, -6)$ se traza una línea horizontal y otra vertical hasta que vuelva a intersecar con el círculo de Mohr.

$$\sigma'_v = (15 - 9,72) + 15 = 20,28; \qquad \tau = -6 \text{ kPa}$$

$$\sigma'_h = 9,72 \text{ kPa}; \qquad\qquad \tau = 6 \text{ kPa}$$

Para obtener el estado suma se suman las tensiones correspondientes al plano vertical y horizontal.

$$\sigma'_V = 44 + 20,28 = 64,28 \text{ kPa}; \quad \tau = -6 \text{ kPa}$$

$$\sigma'_h = 9,72 + 36,8 = 46,52 \text{ kPa}; \quad \tau = 6 \text{ kPa}$$

Conocidos las tensiones verticales efectivas y horizontales es posible determinar los parámetros del círculo de Mohr.

$$\text{Centro} = \frac{64,28 + 46,52}{2} = 55,4 \text{ kPa}$$

$$\text{Radio} = \sqrt{\left(\frac{64,28 - 46,52}{2}\right)^2 + 6^2} = 10,72 \text{ kPa}$$

EJERCICIO 2.9

El estado tensional producido por una carga A en el punto O viene definido por los siguientes datos (expresados en kPa).

- Tensión principal menor: $\sigma_3 = 30$ kPa.

- Polo (52,5,13).

Se pide:

1. Definir analíticamente el círculo de Mohr (centro y radio).

2. Determinar analíticamente las tensiones que actúan en un plano que forma 45° con la horizontal en sentido antihorario.

Solución

1. Uno el polo con el punto de la tensión principal menor. Se obtiene el ángulo que forma dicha línea con la horizontal (es el ángulo del plano donde actúa la tensión vertical menor)

$$\text{tg}\alpha_3 \frac{13}{52,5 - 30} = 0,577$$

$$\alpha_3 = 30º$$

El ángulo del plano donde actúa la tensión principal mayor es el complementario: $90 - 30 = 60°$.

Conocido este ángulo es posible determinar el valor de la tensión principal mayor por trigonometría

$$tg\alpha_1 \frac{13}{a} = tg\ 60º$$

$$a = 7,5$$

$$\sigma_1 = 52,5 + 7,5 = 60\ kPa$$

Conocidas las tensiones principales es inmediato determinar el centro y el radio del círculo de Mohr (el centro es la semisuma y el radio la semidiferencia)

Centro del círculo: $p = 0,5\ (30 + 60) = 45\ kPa$

Radio del círculo: $q = 0,5\ (60 - 30) = 15\ kPa$

2. Para conocer las tensiones que actúan sobre un plano que forma 45° con la horizontal en sentido antihorario, hay que obtener la intersección entre el círculo y la recta que parte del polo y forma 45° con la horizontal en sentido antihorario.

La ecuación del círculo de Mohr es:

$$(\sigma_1 - 45)^2 + \tau^2 = 15^2$$

La ecuación de la recta, que partiendo del polo forma 45° con la horizontal en sentido antihorario, será:

$$\frac{13,1 - \tau}{52,5 - \sigma} = 1$$

$$13 - 52,5 + \sigma = \tau$$

$$\tau = \sigma - 39,5$$

La intersección recta-círculo es:

$$\sigma^2 - 90\ \sigma + 2,025 + \sigma^2 - 79\ \sigma + 1,560,25 = 22$$

$$2\ \sigma^2 - 169\ \sigma + 3,360,25 = 0$$

$$\sigma^2 - 84,50 + 1,680,125 = 0$$

$$\sigma = \frac{84,5 \pm \sqrt{7,140,25 - 6,720,50}}{2} = \frac{84,50 \pm 20,50}{2} =$$

32 kPa

52,5 kPa

La solución correspondiente a 52,5 kPa corresponde al polo. Por tanto, el valor pedido es 32 kPa.

Como

$$\tau = \sigma - 39,5$$

resulta que

$$\tau = -7,5 \text{ kPa}$$

$$\sigma = 32 \text{ kPa}$$

$$\tau = -7,5 \text{ kPa}$$

EJERCICIO 2.10

Se conoce que las tensiones que actúan sobre un plano que forma un ángulo de 35° en sentido antihorario son ($\sigma = 50$ kPa y $\tau = -15$ kPa). Sabiendo que el valor de la tensión tangencial del polo es igual a $\tau = 20$ kPa, se pide definir el círculo de Mohr de dicho estado tensional.

Solución

En el enunciado se facilitan las tensiones que actúan en un plano que forma 35° en sentido antihorario. Por tanto, el polo está situado en una línea que forma 35° con la horizontal en sentido antihorario y que parte del punto (50, – 15 m).

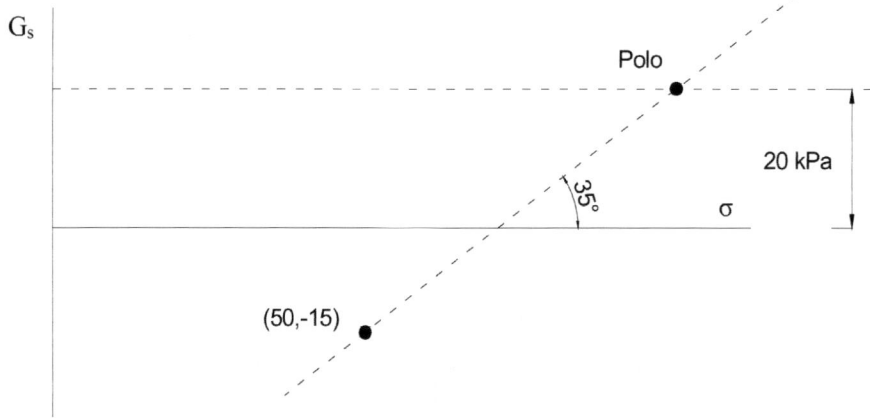

Además, se indica en el enunciado que la tensión tangencial correspondiente al polo vale 20 kPa. Luego las coordenadas del polo son la intersección de la recta indicada anteriormente a 35° con una línea horizontal con $\tau = 20$ kPa.

La intersección de las dos rectas se puede obtener mediante trigonometría

$$\text{tg } 35° = \frac{(20 + 15)}{x}$$

$$x = 49,98 \text{ kPa}$$

Resultando que las coordenadas del polo son:

$$\text{Polo } (50 + 49,98 = 99,98 \text{ kPa}, 20)$$

Ecuación círculo de Mohr.

Se conocen 2 puntos del círculo: el dato del enunciado y las coordenadas del polo que se acaban de obtener. Luego se plantea un sistema de dos ecuaciones con dos incógnitas

$$(\sigma - p)^2 + \tau^2 = q^2$$

$$\begin{cases} (99,98 - p)^2 + 20^2 = q^2 \\ (50 - p)^2 + 15^2 = q^2 \end{cases}$$

Resolviendo se obtiene el centro del círculo (p) y el radio (q).

$$p = 76,74 \text{ kPa (centro del círculo)}$$

$$q = 30,66 \text{ kPa (radio del círculo)}$$

Capítulo 3

EL AGUA EN EL TERRENO

EJERCICIO 3.1

En un laboratorio geotécnico se dispone de dos permeámetros de las siguientes dimensiones:

Permeámetro A: Sección 100 cm²; longitud 40 cm.

Permeámetro B: Sección 200 cm²; longitud 50 cm.

Ambos permeámetros están apoyados en un mismo plano horizontal que se toma como plano de referencia de cotas. Se coloca una arena gruesa (D_{10} = 0,5 mm) en el permeámetro A y otra fina (D_{10} = 0,2 mm) en el permeámetro B.

Se realiza el Ensayo 1 con la disposición que se indica en la figura siguiente. Las bases de ambos permeámetros se conectan a un depósito de alimentación situado a 0,8 m de altura sobre el plano de referencia. El agua que sale por la parte superior se lleva a un rebosadero situado 0,55 m sobre el plano de referencia.

Posteriormente, se modifican las conexiones intermedias tal como se indica en la figura. La salida del permeámetro A se conecta a la entrada del B. La alimentación y el rebosadero se mantienen a las mismas cotas del Ensayo 2. Se pide:

Calcular la permeabilidad de las dos arenas sabiendo que el volumen de agua recogido en la salida es el siguiente (suponiendo que la pérdida de carga en las tuberías es nula):

Ensayo 1:   12 litros en 10 minutos

Ensayo 2:   1,92 litros en 10 minutos

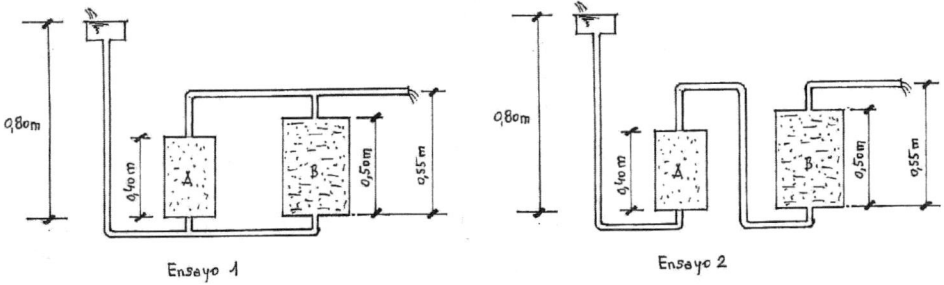

Ensayo 1   Ensayo 2

Solución

Se toma como plano de comparación la base del permeámetro:

Permeámetro A: S = 100 cm²;   h = 40 cm.

Permeámetro B: S = 200 cm²;   h = 50 cm.

Ensayo 1

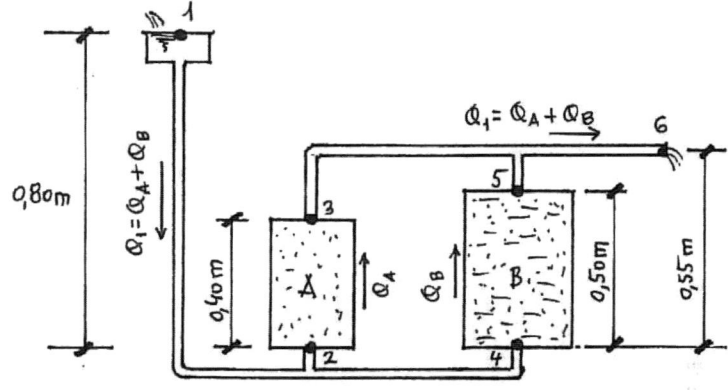

Ensayo 1

En el circuito con los permeámetros A y B en paralelo el caudal Q_1 que pasa por el mismo se divide en dos partes, el caudal Q_A que pasa por el permeámetro A y el caudal Q_B que pasa por el permeámetro B. La carga hidráulica que se pierde al recorrer el circuito es igual a la diferencia de carga hidráulica (Δh) entre 1 y 6, e igual a:

$$h_1 = 0 + 80 = 80 \text{ cm}$$

$$h_6 = 0 + 55 = 55 \text{ cm}$$

$$\Delta h = 80 - 55 = 25 \text{ cm}$$

$$Q = Q_a + Q_b$$

$$\Delta h_a = 80 - 55 = 25$$

$$\Delta h_b = 80 - 55 = 25$$

$$Q_{A = V_a} \cdot S_a = k_a \, i_a \, S_a = K_a \frac{25}{40} \cdot 100 = 62,5 \, K_a$$

$$Q_B = v_b \cdot S_b = k_b \, i_b \, S_b = K_b \frac{25}{50} \cdot 200 = 100 \, K_b$$

$$Q = Q_A + Q_D = 12 \, 1 \, / \, 10 \text{ min} = \frac{12.000}{10 \times 60} = 20 \text{ cm}^3/\text{s}$$

$$20 = 62,5 \, k_a + 100 \, k_b$$

Ensayo 2

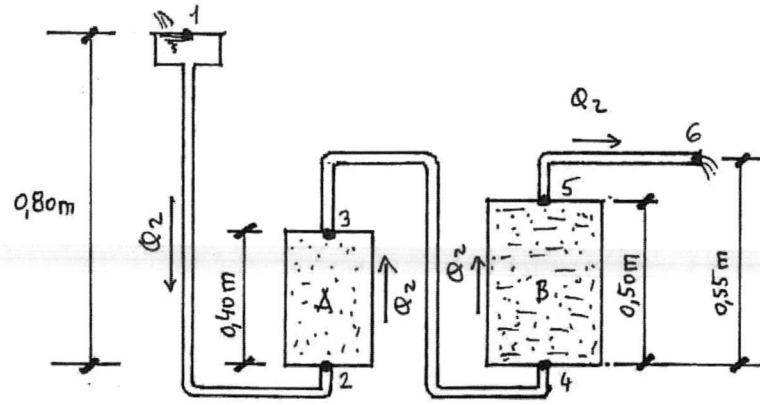

Ensayo 2

En el circuito con los permeámetros A y B en serie el caudal Q_2 se mantiene constante en todo el recorrido. La carga hidráulica Δh que se pierde al pasar del punto 1 al 6 se reparte en el recorrido del agua dentro de cada permeámetro:

$$Q = 1,92 \ l/10 \ min = \frac{1.920}{10\times 60} = 3,2 \ cm^3/s$$

$$Q/S_i = V = k_i \ i$$

$$i = \frac{Q}{k_i \ S_i}$$

$$\Delta h = \Delta h_a + \Delta h_b$$

$$25 = i_a \cdot 40 + i_b \cdot 50 = \frac{Q}{k_a \cdot 100} \cdot 40 + \frac{Q}{k_b \cdot 200} \cdot 50$$

$$25 = 25 = \frac{3,2 \cdot 40}{k_a \cdot 100} + \frac{3,2 \cdot 50}{k_b \cdot 200}$$

$$25 = \frac{1,28}{k_a} + \frac{0,8}{k_b}$$

$$\begin{cases} 20 = 62,5k_a + 100k_b \\ \\ 25 = \frac{1,28}{k_a} + \frac{0,8}{k_b} \end{cases} \quad \rightarrow 48,83k_a^2 - 15,63k_a + 0,8 = 0 \quad \begin{cases} k_a = 0,256 \ cm/s \\ k_b = 0,04 \ cm/s \\ \\ k_a = 0,064 \ cm/s \\ k_b = 0,16 \ cm/s \end{cases}$$

Las dos soluciones son matemáticamente posibles, pero el coeficiente de permeabilidad del suelo A debe ser mayor que el del suelo B puesto que tiene un diámetro eficaz mayor, es decir, $k_a > k_b$ debido a que $D_{10A} > D_{10B}$.

Además, si se contrastan los resultados con la fórmula de Hazen, se obtienen valores parecidos:

$$K = 100 \cdot D_{10}{}^2 \; ; \; (D_{10} \text{ en cm; k en cm/s})$$

$$k_A = 100 \cdot 0{,}05^2 = 0{,}25 \text{ cm/s}$$

$$k_B = 100 \cdot 0{,}02^2 = 0{,}04 \text{ cm/s}$$

EJERCICIO 3.2

En un laboratorio se han realizado tres ensayos de permeabilidad de carga constante con dos suelos granulares de igual peso específico. Uno de ellos tiene un diámetro eficaz D_{10} y el segundo de ellos $2 \cdot D_{10}$. En todos los casos las células empleadas tienen la misma sección.

En el primer ensayo el caudal de entrada en el equipo es Q_1, en el segundo Q_2 y en el tercero Q_3.

Ensayo 1

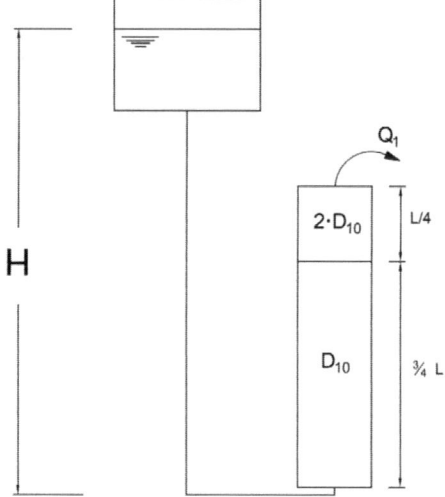

Ensayo 2

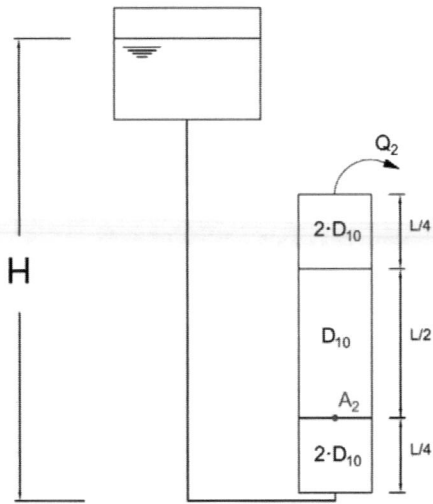

Ensayo 3

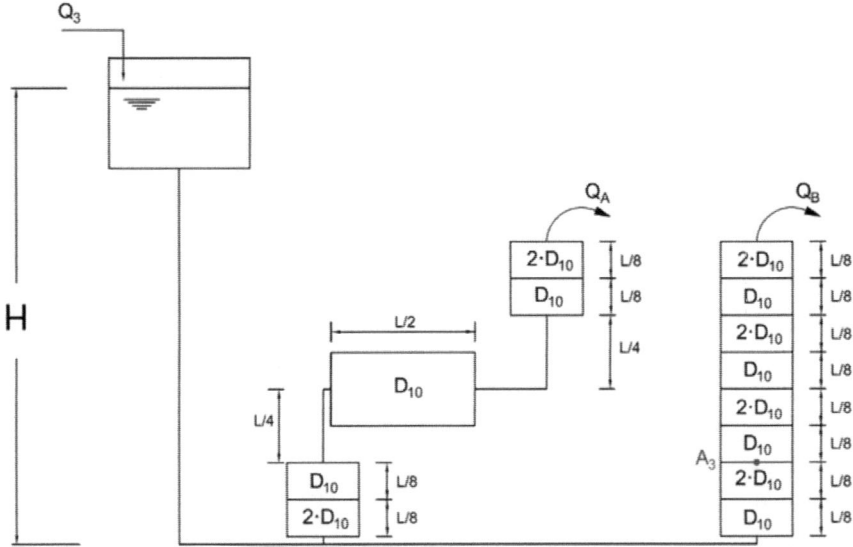

Se pide:

1. ¿Determine el valor del caudal del ensayo 2 (Q_2), en función de Q_1?

2. Determine el valor de los caudales del ensayo 3 Q_A y Q_B en función de Q_1.

Solución

Se toma como plano de comparación la base de los dos permeámetros.

1.

Permeámetro 1

En primer lugar, se comprueba que dentro del permeámetro el flujo es vertical.

Se establece la condición de que entre el potencial hidráulico en la base menos el potencial hidráulico en la salida es igual a la pérdida de carga en cada uno de los terrenos.

Aplicando la fórmula de Hazen permite establecer la permeabilidad a partir del diámetro eficaz del material

$$K_0 = 100 \cdot D_0^2$$

$$H - L = \frac{3}{4} L \frac{Q_1}{K} + \frac{L}{4} \frac{Q_1}{4K} = \frac{13}{16} \frac{Q_1}{K}$$

Permeámetro 2

Se establece la condición que entre la potencial hidráulico en la base menos el potencial hidráulico en la salida es igual a la pérdida de carga en cada uno de los terrenos.

$$H - L = \frac{L}{2} \frac{Q_2}{K} + \frac{L}{2} \frac{Q_2}{4K} = \frac{5}{8} \frac{Q_2}{K}$$

Comparando las expresiones correspondientes del permeámetro 1 y del permeámetro 2, vemos que el término de la izquierda (H − L) es igual en ambos casos. Por tanto, es inmediato conocer la relación entre el caudal Q_1 y el caudal Q_2.

$$Q_2 = 1{,}3 \, Q_1$$

2.

En el ensayo 3 el caudal inicial Q_3 se divide en el caudal Q_A y Q_B. Estudiamos para cada rama del permeámetro el balance de energía. La energía inicial menos la final es igual a lo que ese pierde en cada uno de los materiales.

Zona del caudal Q_A

Se suman los espesores de las capas que tienen una misma permeabilidad.

$$H - L = \frac{L}{4} \frac{Q_A}{4K} + \frac{3L}{4} \frac{Q_A}{K}$$

Se establece como condición que la diferencia entre el potencial hidráulico en la entrada y salida del permeámetro es igual a la suma de la pérdida de carga en cada uno de los estratos.

Se puede comprobar que la expresión es la misma que la del permeámetro 1, luego

$$Q_A = Q_1$$

De manera análoga se hace para la zona del caudal Q_B

$$H - L = \frac{L}{2} \frac{Q_B}{K} + \frac{L}{2} \frac{Q_B}{4K}$$

Se puede comprobar que la expresión es la misma que la del permeámetro 2, luego

$$Q_B = 1,3 \, Q_1$$

EJERCICIO 3.3

En el laboratorio se dispone del permeámetro de la figura adjunta. Como se puede ver existe una célula superior de 1 m de altura y área 0,25 m^2 (célula 1) y una inferior (de 0,5 m de altura y área 0,0625 m^2). Además, el rebosadero está situado 20 cm por encima de la cara superior de la célula 1 (es decir, existen 20 cm de agua sobre el suelo superior).

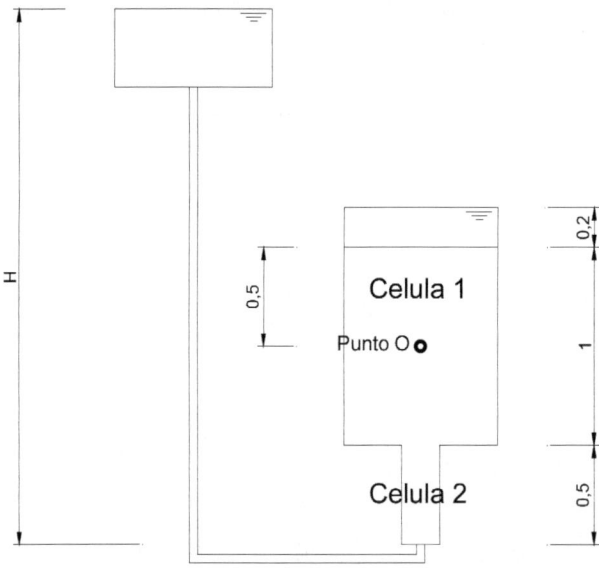

Con este equipo se quiere determinar el coeficiente de permeabilidad de una arena media (suelo A) y una arena fina (suelo B). Para ello en un primer ensayo se coloca la arena A en la célula 1 del permeámetro y el suelo B en la célula 2. Se observa que si el depósito se eleva hasta la cota H = 2,70 m el caudal que sale es 5 cm^3/s (Ensayo 1).

Posteriormente, en un segundo ensayo, se rellena de suelo B la célula 1 y suelo A en la parte de la célula 2. Se comprueba que cuando el depósito se sitúa a la cota H = 2,7 m, el caudal que se evacua del permeámetro es de 6,25 cm^3/s. (Ensayo 2).

Se pide:

1. Calcular el coeficiente de permeabilidad de los suelos A y B.

2. Calcular el valor de la presión intersticial en el punto medio de la célula superior (punto 0) en el ensayo 2 (en el que el suelo A está en la célula 2 y el suelo B en la célula 1 (la altura del depósito es H = 2,7 m y el caudal es 6,25 cm^3/s).

3. Si en el ensayo 2 (suelo A está en la célula 2 y el suelo B en la célula 1) determinar la altura del depósito (H) para que se alcance el levantamiento de fondo (se puede suponer que el peso específico de ambas arenas es de 21 kN/m^3).

Nota: se puede suponer que γ_w = 10 kN/m^3.

Solución

Se toma como plano de comparación la base del permeámetro (en la base de la célula 2).

1. Se establece que la pérdida de energía entre el inicio y salida de la filtración es igual a lo que se pierde en cada una de los tramos del permeámetro.

$$\Delta h = l_A \, i_A + l_B \, i_B$$

$$1 = 1 \cdot \frac{Q_A}{S_A \cdot K_A} + 0,5 \, \frac{Q_B}{S_B \cdot K_B}$$

El caudal será igual en ambas zonas del permeámetro, pero en este caso como las secciones son diferentes, las velocidades serán diferentes.

Se establece la condición para el primer ensayo y para el segundo.

Primer ensayo: $\qquad 1 = 1 \cdot \dfrac{5 \cdot 10^{-6}}{0,25 \, K_A} + 0,5 \, \dfrac{5 \cdot 10^{-6}}{0,0625 \cdot K_B}$

Segundo ensayo: $\qquad 1 = \dfrac{1 \cdot 6,25 \cdot 10^{-6}}{0,25 \, K_B} + 0,5 \, \dfrac{6,25 \cdot 10^{-6}}{0,0625 \cdot K_A}$

Tenemos un sistema de 2 ecuaciones con 2 incógnitas.

Resolviendo las dos ecuaciones con dos incógnitas.

$$K_B = 5 \cdot 10^{-5} \text{ m/}$$

$$K_A = 1 \cdot 10^{-4} \text{ m/s}$$

1. Para el cálculo de la presión en un determinado punto, hay que obtener la energía en ese punto (h_o) y a partir de dicho valor se obtendría la presión intersticial.

La energía en la base del permeámetro es conocida

$$h_3 = 2,7 \text{ m (base del permeámetro)}$$

La energía en el contacto entre el suelo 1 y 2 es:

$$h_2 = 2,7 - i_a \cdot 0,5$$

El gradiente se conoce puesto que sabemos el valor del caudal y de la permeabilidad.

$$i_a = \frac{V_a}{K_a} = \frac{Q_a}{s_a \cdot k_a} = \frac{6,25 \cdot 10^{-6}}{0,0625} \cdot \frac{1}{1 \cdot 10^{-4}} = 1$$

$$h_2 = 2,2 \text{ m}$$

Conocida la energía en 2 pasamos a conocer la permeabilidad en 2

$$h_O = h_2 - i_b \cdot 0,5$$

El gradiente en el material b es

$$i_b = \frac{V_b}{b} = \frac{6,25 \cdot 10^{-6}}{0,25} \cdot \frac{1}{5 \cdot 10^{-5}} = 0,5$$

Se obtiene la energía en O
$$h_O = 2,2 \text{ m} - 0,5 \cdot 0,5 = 1,95$$

Como la energía en O es igual a la cota geométrica más la presión intersticial dividida entre el peso específico del agua

$$h_O = 1,95 = 1 + \frac{u_O}{\gamma_w}$$

$$u_O = 0,95 \text{ t/m}^2$$

2. Se considera que el levantamiento de fondo se produce en el punto 3 (base del permeámetro).

La tensión total en el punto 3, sería:

$$\sigma_v = 0,2 + 1 \cdot 2,1 + 0,5 \cdot 2,1 = 3,35 \text{ t/m}^2$$

La tensión total será igual a la presión intersticial si se produce el levantamiento de fondo en ese punto 3.

$$u_3 = 3,35 \text{ t/m}^2$$

Como la cota geométrica en la base del permeámetro es 0, la energía (potencial o carga hidráulica) es:

$$h_3 = 3,35 \text{ m}$$

Se debe comprobar que la solución es correcta y que no se ha producido levantamiento de fondo en otro punto del permeámetro.

Comprobación que con h = 3,35 m no hay levantamiento de fondo en el punto 1:

$$h_3 = 3,35 \text{ m (base del permeámetro)}$$

$$h_1 = 1,7 \text{ m (superficie del permeámetro)}$$

La pérdida de energía entre la base y la superficie del permeámetro es igual a la perdida de energía en cada material

$$3,35 - 1,7 = 1 \cdot \frac{Q}{0,25 \cdot 5 \, 10^{-5}} + 0,5 \cdot \frac{Q}{0,0625 \cdot 10^{-4}}$$

Resolviendo la ecuación se obtiene el caudal que circula por el permeámetro si se produce levantamiento de fondo en el punto 3 (base del permeámetro)

$$1,65 = 80.000 \, Q + 80.000 \, Q$$

$$Q = 0,0000103 \text{ m}^3/\text{s}$$

Conocido el caudal es posible establecer el valor del gradiente.

$$i_{célula2} = \frac{1,03 \cdot 10^{-5}}{0,0625 \cdot 10^{-4}} = 1,65$$

Conocido el gradiente se puede conocer la pérdida de carga en la célula 2

$$\Delta h \text{ celula}_2 = 1,65 \cdot 0,5 = 0,825$$

Y la energía en el punto 2 es igual a la energía en 3 menos la pérdida de carga en la célula 2.

$$h_2 = 3,35 - 0,825 = 2,525$$

$$2,525 = 0,5 + u_1/\gamma_w$$

$$u_2 = 2,025 \ t/m^2$$

Y la tensión total en ese punto es

$$\sigma_{v2} = 0,2 + 1 \cdot 2,1 = 2,3 \ t/m^2$$

Luego como $\sigma_2 > u_2$, no habría levantamiento de fondo en 2. Por tanto, sería válida la hipótesis realizada (H = 3,35 m).

Otra posibilidad es calcular el valor de la altura H necesaria para que el levantamiento de fondo se produzca en 2. Se compara con este nuevo ya calculado y la solución sería el valor menor de los dos. A continuación, se calcula dicho valor de H.

Hipótesis. Levantamiento de fondo en 2.

1ª ecuación. La tensión total en 2 es igual a la presión intersticial en 2

$$u_2 = \sigma_{v2} = 2,3 \ t/m^2$$

Conocida la presión intersticial en 2 se puede obtener la energía en 2

$$h_2 = z_2 + \frac{u_2}{\sigma_w} = 0,5 + 2,1 = 2,8 \ m$$

Establecida la energía en 2, se establece la relación entre la energía en 2 y 3 (la diferencia de energía entre 3 y 2 es igual la pérdida de energía en la célula 2)

$$h_3 = 2,8 + \Delta h_3^2 = 2,8 + 0,5 \ \frac{Q}{0,0625 \cdot 10^{-4}}$$

$$h_3 = H$$

$$H = 2,8 + 80.000 \ Q$$

2ª ecuación. La diferencia de energía entre la base y la salida del permeámetro es igual a la suma de la pérdida de energía en la célula 1 y en la célula 2.

$$h_1 = 1,7 \text{ m}$$

$$h_3 - h_1 = \Delta h_3{}^2 + \Delta h_2$$

$$H - 1,7 = 0,5\,\frac{Q}{S_1 K_1} + 1\,\frac{Q}{S_2 K_2}$$

$$H - 1,7 = 0,5\frac{Q}{0,0625 \cdot 10^{-4}} + 1\frac{Q}{0,25 \cdot 5 \cdot 10^{-5}}$$

$$H - 1,7 = 80.000\,Q + 80.000\,Q$$

Por tanto, se dispone de dos ecuaciones con dos incógnitas (Q y H). Resolviendo el sistema se obtienen los valores de Q y H,

$$2,8 + 80.000\,Q - 1,7 = 80.000\,Q + 80.000\,Q$$

$$Q = 1,375 \cdot 10^5 \text{ m}^3/\text{s}$$

$$H = 3,9 \text{ m}$$

Como H = 3,9 m > 3,35 m, se produce levantamiento en 3 antes que en 2.

EJERCICIO 3.4

En la figura adjunta se muestra el esquema de un permeámetro con dos suelos de distinta naturaleza. El suelo 1, el superior, ocupa un espesor H_1 y tiene un peso específico saturado γ_1 y un coeficiente de permeabilidad K_1. El suelo 2, el inferior, tiene un espesor H_2 y tiene un peso específico saturado γ_2 y un coeficiente de permeabilidad K_2. El peso específico del agua es γ_w.

Se supone que la pérdida de carga en el conducto que une el permeámetro con el depósito es nula.

En función sólo de los datos geométricos (L, H_1, H_2), de los datos del terreno (γ_1, K_1, γ_2, K_2) y del agua (γ_w), se pide:

1. Indicar la altura H del depósito que produce el levantamiento de fondo (o sifonamiento) en el punto 1.

2. Indicar la altura H del depósito que produce el levantamiento de fondo (o sifonamiento) en el punto 2.

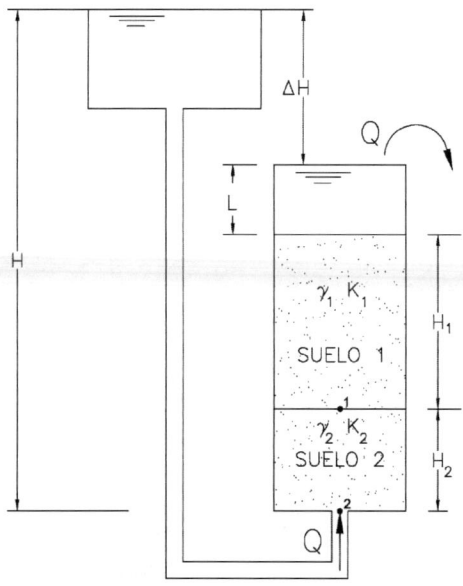

Solución

Se toma como plano de comparación la base del permeámetro.

1. Condición de levantamiento de fondo en el Punto 1.

En primer lugar, se establecen las ecuaciones de flujo perpendicular a los estratos:

- Ecuación 1 (la pérdida de carga total es igual a la suma de las pérdidas de carga de cada uno de los estratos)

$$\Delta h = i_2 \, H_2 + i_1 \, H_1$$

- Ecuación 2 (el caudal que circula por cada estrato es el mismo)

$$i_1 \, K_1 = i_2 \, K_2$$

A partir de las dos ecuaciones anteriores se calcula el valor de Δh en función del valor del gradiente de uno de los suelos (en este caso i_2)

$$\Delta h = i_2 \, H_2 + i_2 \, \frac{K_2}{K_1} \, H_1$$

Operando

$$\Delta h = i_2 \left(H_2 + \frac{K_2}{K_1} H_1 \right)$$

La condición de levantamiento de fondo en 1 (tensión total es igual a la presión intersticial), será:

$$L \cdot \gamma_w + H_1 \, \gamma_1 = u_1$$

Una vez conocido el valor de la presión intersticial en el punto 1, obtenemos el valor de la carga hidráulica o del potencial hidráulico en dicho punto.

$$h_1 = H_2 + L + H_1 \, \frac{\gamma_1}{\gamma_w}$$

Otra condición que conocemos es el valor de la altura piezométrica en 2.

$$h_2 = \Delta h + L + H_1 + H_2$$

Y sabemos que h_1 y h_2 están relacionados de la siguiente manera

$$h_1 = h_{2-}\Delta h_1{}^2 = h_{2-} i_2 \, H_2$$

$$\Delta h + L + H_1 + H_2 - i_2 \, H_2 = H_2 + L + H_1 \, \frac{\gamma_1}{\gamma_w}$$

Operando la expresión anterior

$$\Delta h = H_1 \, \frac{\gamma'_1}{\gamma_w} + i_2 \, H_2$$

Despejando i_2

$$i_2 = \frac{\Delta h - H_1 \, \dfrac{\gamma'_1}{\gamma_w}}{H_2}$$

y sustituyo el valor de i_2 en la expresión que teníamos anteriormente deducida de la condición de flujo perpendicular a los estratos.

$$\Delta h = \frac{\Delta h - H_1 \, \dfrac{\gamma'_1}{\gamma_w}}{H_2} \left(H_2 + \frac{K_2}{K_1} H_1 \right)$$

Si realizamos la multiplicación

$$\Delta h = \Delta h + \Delta h \; \frac{K_2}{K_1} \frac{H_1}{H_2} - H_1 \frac{\gamma'_1}{\gamma_w} - \frac{K_2}{K_1} \frac{\gamma'_1}{\gamma_w} \frac{H_1^2}{H_2}$$

Y reagrupando

$$\Delta h = \left(\frac{H_2}{H_1} \frac{K_1}{K_2} \right) \left(H_1 \frac{\gamma'_1}{\gamma_w} + \frac{K_2}{K_1} \frac{\gamma'_1}{\gamma_w} \frac{H_1^2}{H_2} \right)$$

$$H = H_1 + H_2 + L + H_2 \cdot \frac{K_1}{K_2} \frac{\gamma'_1}{\gamma_w} + H_1 \frac{\gamma'_1}{\gamma_w}$$

2. Levantamiento de fondo en el Punto 2.

Este segundo caso es más sencillo. Se iguala la tensión total a la presión intersticial

$$L \, \gamma_w + H_1 \, \gamma_1 + H_2 \, \gamma_2 = \Delta h \cdot \gamma_w + L \, \gamma_w + H_1 \, \gamma_w + H_2 \, \gamma_w$$

Operando

$$\Delta h = H_1 \frac{\gamma'_1}{\gamma_w} + H_2 \frac{\gamma'_2}{\gamma_w}$$

$$H = H_1 + H_2 + L + H_1 \cdot \frac{\gamma'_1}{\gamma_w} + H_2 \frac{\gamma'_2}{\gamma_w}$$

Si comparamos ambos valores de H se ve que la diferencia entre ambos casos sería:

Levantamiento en 2: $H_2 \cdot \dfrac{K_1}{K_2} \cdot \dfrac{\gamma'_1}{\gamma_w}$

Levantamiento en 1 $H_2 \cdot \dfrac{\gamma'_2}{\gamma_w}$

Si suponemos que los pesos específicos de los suelos 1 y 2 son iguales se producirá levantamiento en 2 si k_1 es mayor que k_2.

Y en el punto 2, si el suelo 2 es más permeable que el suelo 1. En definitiva, se produce en el material más impermeable.

EJERCICIO 3.5

En la figura adjunta se muestra el esquema de un permeámetro de carga constante cuya área transversal es de 50 cm². La altura total del permeámetro es de 120 cm, colocándose en él tres materiales distintos. En la zona superior existen 30 cm del material 1. Por debajo de éste, se extiende el material 2 en una capa de 50 cm. Finalmente, los 40 cm inferiores del permeámetro están ocupados por el material 3.

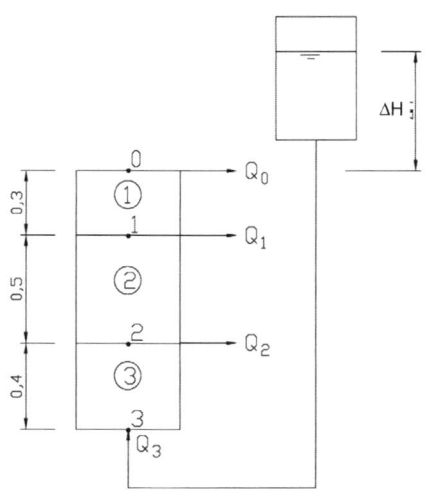

La información disponible de los tres materiales es la siguiente:

Material 1: $\gamma_{sat1} = 2100$ kg/m³.

Material 2: $\gamma_{sat2} = 1,9$ g/cm³.

Material 3: $\gamma_{sat3} = 20$ kN/kN/m³; $k_3 = 8 \cdot 10^{-7}$ m/s.

Además del aliviadero superior, en los contactos entre los materiales 1 y 2 y entre los suelos 2 y 3 existen unos conductos de drenaje que permiten evacuar parte del caudal que circula por el permeámetro.

Con esta disposición se realizan tres ensayos distintos con las siguientes características:

Ensayo 1	Ensayo 2	Ensayo 3
$Q_0 = 2 \cdot 10^{-3}$ cm³/s	$Q_0 = 1,2 \cdot 10^{-3}$ cm³/s	$Q_0 = 0$
$Q_1 = 1 \cdot 10^{-9}$ m³/s	$Q_1 = 1,8 \cdot 10^{-6}$ l/s	$Q_1 = 4 \cdot 10^{-9}$ m³/s
$Q_2 = 2 \cdot 10^{-6}$ l/s	$Q_2 = 7 \cdot 10^{-3}$ cm³/s	$Q_2 = 4 \cdot 10^{-3}$ cm3/s
$Q_3 = 5 \cdot 10^{-3}$ cm³/s	$Q_3 = 1 \cdot 10^{-8}$ m³/s	$Q_3 = 8 \cdot 10^{-6}$ l/s
$\Delta H = 1,3$ m	Levantamiento de fondo en el punto 2	$\Delta H = 1,6$ m
$u_1 = 0,35$ t/m²		

Se pide:

1. Determinar los coeficientes de permeabilidad de los materiales 1 y 2.

2. Indicar el valor de la presión intersticial en los puntos 0, 1, 2, 3 en los ensayos 1, 2 y 3.

Nota: $\gamma_w = 10$ kN/m^3.

Solución

Se toma como plano de comparación la base del permeámetro.

1. Determinar los coeficientes de permeabilidad de los materiales 1 y 2.

a) En primer lugar se analiza el ensayo 1.

La energía en la base del permeámetro es:

$$h_3 = 1,2 \text{ m} + 1,3 \text{ m} = 2,5 \text{ m}$$

Además, en el ensayo 1 como $u_1 = 0,35$ t/m^2, que es un dato del enunciado y conocemos h_1

$$h_1 = (0,4 + 0,5) + \frac{0,35}{1} = 1,25$$

La pérdida de energía entre 1 y 3 sería:

$$\Delta h_3^1 = 2,5 - 1,25 = 1,25 \text{ m}$$

Esta pérdida se produce en parte en el suelo 2 y en parte en el suelo 3:

$$1,25 = \frac{Q_3}{S \times K_3} \cdot l_3 + \frac{Q_2}{S \times K_2} \cdot l_2$$

Como los caudales que circulan por el suelo 2 y el suelo 3 son datos del enunciado la única incógnita es K_2

$$1,25 = \frac{5 \cdot 10^{-9}}{50 \cdot 10^{-4} \times 8 \cdot 10^{-7}} \cdot 0,4 + \frac{3 \cdot 10^{-9}}{50 \cdot 10^{-4} \, K_2} \cdot 0,5$$

$$0,75 = \frac{3 \cdot 10^{-7}}{K_2}$$

$$K_2 = 4 \cdot 10^{-7} \text{ m/s}$$

b) Se analiza el segundo ensayo.

Condición de levantamiento de fondo en el punto 2:

$$\sigma_2 = 2,1 \cdot 0,3 + 0,5 \cdot 1,9 = 1,58 \text{ t/m}^2 = u_2$$

Se obtiene el valor de la carga hidráulica en 2

$$h_2 = 0,4 + 1,58 = 1,98 \text{ m}$$

Se relaciona la carga hidráulica en 2 con la de un punto en que también se conozca (en este caso se emplea el valor de 3, se podría haber utilizado 1)

$$h_3 - h_2 = \Delta h_3{}^2 = i_3 \, 0,4$$

$$h_3 - 1,98 = \frac{10 \cdot 10^{-9}}{50 \cdot 10^{-4} \times 8 \cdot 10^{-7}} \, 0,4 = 1$$

Resolviendo

$$h_3 = 2,98 \text{ m}$$

Y, por tanto,

$$\Delta h_3{}^2 = 2,98 - 1,98 = 1 \text{ m}$$

A continuación, se aplican las condiciones de flujo perpendicular a los estratos. La pérdida de carga total $(h_0 - h_1)$ es igual a la pérdida de carga de cada uno de los estratos (ya se conoce que $\Delta h_3{}^2 = 1$ m)

$$h_0 = 1,2 \text{ m}$$

$$h_3 - h_0 = 2,98 - 1,2 = 1,78 = 1 + \frac{3 \cdot 10^{-9}}{50 \cdot 10^{-4} \times 4 \cdot 10^{-7}} \, 0,5 + \frac{1,2 \cdot 10^{-9}}{50 \cdot 10^{-4} \, K_1} \, 0,3$$

Operando resulta

$$1,78 = 1 + 0,75 + \frac{7,2 \cdot 10^{-8}}{K_1}$$

$$K_1 = 2,4 \cdot 10^{-6} \text{ m/s}$$

2. Indicar el valor de la presión intersticial en los puntos 0, 1, 2, 3 en los ensayos 1, 2 y 3.

Para calcular la presión intersticial es necesario obtener la energía en cada uno de los puntos. Conocida la energía en cada punto y la cota es inmediato obtener la presión intersticial.

En cada ensayo se obtiene en primer lugar la energía en la base del permeámetro (punto 3). Para obtener la energía en el siguiente terreno se restará al valor de la energía en 3, la pérdida de energía entre 3 y 2. Y esa pérdida de energía se puede establecer como el gradiente por la distancia.

- Ensayo 1

$$h_3 = 2,5 \text{ m} \rightarrow u_3 = 2,5 \text{ t/m}^2$$

La pérdida de energía entre 3 y 2 es

$$\Delta h_3^1 = \frac{5 \cdot 10^{-9}}{50 \cdot 10^{-4} \times 8 \cdot 10^{-7}} \cdot 0,4 = 0,5$$

$$h_2 = 2,5 - 0,5 = 2 \text{ m} = 0,4 + u_2$$

$$u_2 = 1,6 \text{ t/m}^2$$

Como la presión intersticial en el punto 1 es un dato es inmediato obtener la energía en 1.

$$h_1 = 1,25 = 0,9 - u_1$$

$$u_1 = 0,35 \text{ t/m}^2$$

$$u_o = 0$$

- Ensayo 2

h_3 ha sido obtenido al resolver el apartado 2 del ejercicio.

$$h_3 = 2,98 \text{ m} \rightarrow u_3 = 2,98 \text{ t/m}^2$$

La energía en 2 se puede obtener a partir de la condición de levantamiento de fondo en el punto 2

$$u_2 = 1,58 \text{ t/m}^2 \rightarrow h_2 = 0,4 + 1,58 = 1,98 \text{ m}$$

La energía en 1, es igual a la energía en 2 menos la pérdida de energía entre 1 y 2.

$$h_1 = 1,98 - \frac{3 \cdot 10^{-9}}{50 \cdot 10^{-4} \times 4 \cdot 10^{-7}} \, 0,5$$

$$h_1 = 1,98 - 0,75 = 0,9 + u_1$$

resulta

$$u_1 = 0,33 \text{ t/m}^2$$

$$u_o = 0$$

- Ensayo 3

De acuerdo a los datos del enunciado la energía en la base es:

$$h_3 = 0,4 + 0,5 + 0,3 + 1,6 = 2,8 \text{ m}$$

$$u_3 = 2,8 \text{ t/m}^2$$

A continuación, se obtiene la energía en 2

$$h_2 = h_3 - i_3 \cdot l_3$$

$$h_2 = 2,8 - \frac{8 \cdot 10^{-9}}{50 \cdot 10^{-4} \times 8 \cdot 10^{-7}} \, 0,4 = 2,8 - 0,8 = 2$$

$$h_2 = z_2 + u_2/\gamma_w$$

$$h_2 = 0,4 + u_2$$

$$u_2 = 1,6 \text{ t/m}^2$$

La energía en 1 será:

$$h_1 = h_2 - i_2 \cdot l_2$$

$$h_1 = 2 - \frac{4 \cdot 10^{-9}}{50 \cdot 10^{-4} \times 4 \cdot 10^{-7}} \, 0,5 = 2 - 1 = 1 \text{ m}$$

$$h_1 = z_1 + u_1/\gamma_w$$

$$h_1 = 1 = 0,9 + u_1$$

$$u_1 = 0,1 \text{ t/m}^2$$

$$u_o = 0$$

EJERCICIO 3.6

Se dispone una serie de permeámetros idénticos de altura L y sección S. El permeámetro se divide en dos compartimentos de L/2 de longitud. Además, tiene un desagüe a la mitad de la altura (L/2) que permite extraer cierto caudal del permeámetro.

Con este permeámetro se realizan los siguientes tres ensayos (ver figura adjunta):

1. Ensayo 1: La mitad inferior del depósito se rellena con un suelo tipo 1 (la parte superior queda sin suelo). La situación estable se acuerda cuando circula un caudal Q que sale por el rebosadero superior y que el nivel del agua en el depósito se sitúa a una altura 2L respecto a la base del permeámetro.

2. En el ensayo 2 se dispone de dos permeámetros tal como se indica en la figura. En el permeámetro vertical la mitad inferior se rellena por un suelo tipo 2 y la superior no tiene material, sólo agua. Como se puede ver a mitad de la altura se extrae el caudal total Q/2 que circula, posteriormente, por un permeámetro situado en horizontal relleno completamente por un suelo tipo 3. El nivel del depósito de alimentación se sitúa a una altura L respecto a la base del permeámetro vertical.

3. En el ensayo 3 también existen dos permeámetros. En el vertical en la parte inferior se sitúa el suelo tipo 2 y en la superior el suelo tipo 3. El permeámetro horizontal está relleno con suelo tipo 2. Sabiendo que el caudal que entra en el permeámetro es Q pero que sale un valor igual a Q/2 en el contacto entre los suelos 2 y 3 y que el depósito está a una altura de 1,5 L respecto a la base del permeámetro vertical.

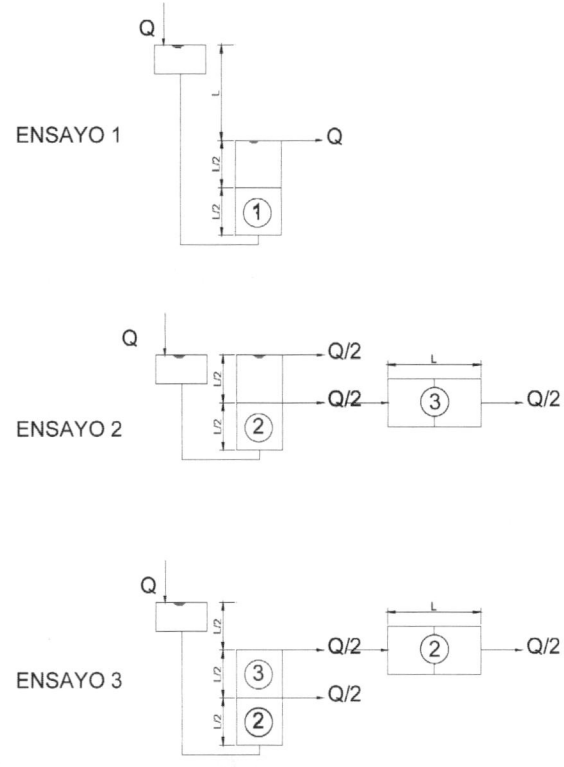

Sabiendo que el valor D_{10} del suelo 1 es igual a 1,155 mm, se pide determinar los coeficientes de permeabilidad de los suelos 1, 2 y 3.

Solución

Se toma como plano de comparación la base del permeámetro

La permeabilidad del suelo 1 según la fórmula de Hazen es:

$$D_{10} = 1,155 \text{ m}$$

$$K_1 = 100 \, (0,1155)^2 = 1,33 \text{ cm/s}$$

o lo que es lo mismo: $k_1 = 1,33 \cdot 10^{-2}$ m/s

La ley de Darcy indica

$$V = k \cdot i$$

$$\frac{Q}{S} = K \cdot i$$

Ensayo 1

La pérdida de energía entre el inicio y final de la filtración es L y se produce en una distancia L/2

$$\frac{Q}{S} = 1,33 \cdot 10^{-2} \cdot \frac{L}{\frac{L}{2}}$$

$$\frac{Q}{S} = 2,66 \cdot 10^{-2}$$

Ensayo 2

La pérdida de energía en el permeámetro es L/2. La energía se pierde en el suelo 2 y en el suelo 3.

$$\frac{Q}{S} \cdot \frac{1}{K_2} \cdot \frac{L}{2} + \frac{Q}{2S} \cdot \frac{1}{K_3} \cdot L = \frac{L}{2}$$

$$\frac{Q}{S K_2} + \frac{Q}{S K_3} = 1$$

Ensayo 3

En el ensayo 3 la pérdida se produce debido al suelo 2 (en dos células) y en el suelo 3.

$$\frac{Q}{S K_2} \cdot \frac{L}{2} + \frac{Q}{2 S K_3} \cdot \frac{L}{2} + \frac{Q}{2 S K_2} \cdot L = \frac{L}{2}$$

Operando

$$\frac{Q}{S\,K_2} + \frac{Q}{4\,S\,K_3} = \frac{1}{2}$$

Se sustituye $\frac{Q}{S\,K_2}$ por su valor que se deduce de la ecuación (1)

$$\left(1 - \frac{Q}{S\,K_3}\right) + \frac{Q}{4\,S\,K_3} = \frac{1}{2}$$

Resultando una única ecuación con una sola incógnita K_3

$$1 - \frac{0{,}0266}{K_3} + \frac{0{,}0066}{K_3} = \frac{1}{2}$$

Resolviendo se obtiene el valor de K_3

$$0{,}5 = \frac{0{,}002}{K_3}$$

$$K_3 = 0{,}04 \text{ m/s}$$

Obtenido el valor de K_3 es inmediato determinar K_2

$$K_2 = 0{,}08 \text{ m/s}$$

EJERCICIO 3.7

En una zona donde se quiere realizar una excavación se dispone de esta estratigrafía de techo a base.

- De 0 a 5 m: arenas arcillosas; $\gamma_{sat} = \gamma_{ap} = 20 \text{ kN/m}^3$.

- De 5 a 12 m: arenas limosas; $\gamma_{sat} = 20 \text{ kN/m}^3$.

- De 12 a 17 m: gravas. Se encuentran en estado artesiano.

El nivel freático se sitúa a 2 m de la superficie.

En el contacto entre la capa de arenas limosas y las gravas existe un piezómetro que indica que la presión intersticial en el contacto es de 200 kPa.

Se pide determinar la relación que debe existir entre las permeabilidades de las arenas arcillosas y arenas limosas para que se produzca levantamiento de fondo en esa situación.

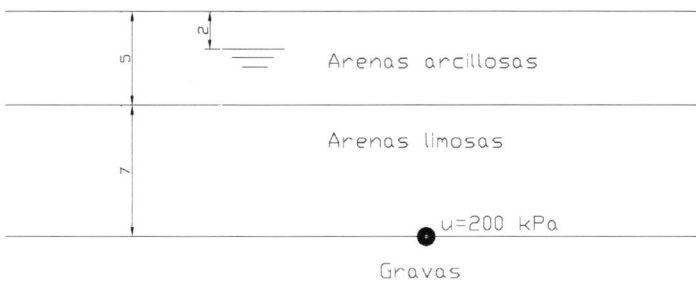

Solución

Se considera como plano de comparación la base de las arenas limosas.

- Levantamiento de fondo en el contacto gravas-arenas: la tensión total sería igual a la presión intersticial

$$\sigma_v = 2 \cdot 20 + 3 \cdot 20 + 7 \cdot 20 = 240 \text{ kPa}$$

Este valor es mayor que el dato del piezómetro. Por tanto, no se puede producir el levantamiento en el contacto gravas-arenas limosas:

- Levantamiento en el contacto arenas limosas-arenas arcillosas

La tensión total en ese contacto (punto 1) es igual a la presión intersticial

$$\sigma_v = 2 \cdot 20 + 3 \cdot 20 = 100 \text{ kPa}$$

Conocida la presión intersticial en 1 se obtiene la energía en 1.

$$h_1 = 7 + \frac{100}{10} = 17 \text{ m}$$

La presión intersticial en el contacto gravas-arenas limosas es un dato conocido. Como la cota geométrica es cero

$$h_2 = 0 + \frac{200}{10} = 20 \text{ m}$$

Con los valores entre los puntos 2 y 1 es posible determinar el gradiente en la capa de arenas limosas.

$$3 = i_2 \cdot 7$$

$$i_2 = \frac{3}{7}$$

La energía en la superficie del nivel freático (punto 0) sería:

$$h_o = 10 + 0$$

La diferencia de energía entre el punto 2 y 0 es igual a la suma de las pérdidas en cada uno de los estratos.

$$20 - 10 = i_2 \cdot 7 + i_1 \cdot 3$$

Como el valor del gradiente i_2 ya se conoce, se puede obtener el gradiente i_1

$$10 = \frac{3}{7} \cdot 7 + 3i_1$$

$$i_1 = \frac{7}{3}$$

Como la velocidad del agua es contante se puede conocer la relación entre los coeficientes de permeabilidad de las arenas arcillosas y arenas limosas.

$$K_1 \frac{7}{3} = K_2 \frac{3}{7}$$

$$K_1 = K_2 \frac{9}{49}$$

$$K_1 = 0,183 \ K_2$$

EJERCICIO 3.8

En una ciudad costera se quiere construir un aparcamiento subterráneo. El informe geotécnico establece la estratigrafía de la zona, así como los parámetros geotécnicos más importantes:

Estrato 1: entre las cotas 0 m y $- 13$ m:

$\gamma_{ap} = 19 \ kN/m^3$ (por encima del nivel freático).

$\gamma_{sat} = 20 \ kN/m^3$ (por debajo del nivel freático).

$\phi' = 30°$.

$K = 5 \ 10^{-4} \ m/s$.

Estrato 2: entre − 13 m y − 17 m de profundidad

$\gamma_{sat} = 19 \ kN/m^3$

$K = 5 \ 10^{-6} \ m/s$

Estrato 3: entre − 17 m y − 50 m de profundidad

$\gamma_{sat} = 21 \ kN/m^3$

$K = 10^{-4} \ m/s$

El nivel freático se encuentra inicialmente en la superficie del terreno (cota + 0).

Para la construcción del aparcamiento se diseña un recinto rectangular mediante pantallas de 21 m de profundidad, estando previsto realizar a su amparo una excavación hasta la cota −10 m. Para facilitar los trabajos en el fondo de la excavación se tiene previsto rebajar el nivel del agua en el interior de las pantallas 1 m (hasta la cota −11 m).

Se pide:

1. Calcular hasta que cota se debe rebajar el nivel del agua en la zona exterior de las pantallas para evitar el problema del levantamiento de fondo.

2. Indicar las tensiones verticales efectivas y horizontales totales en el punto A, situado en el centro del recinto a la cota − 11,5 m si el nivel en el exterior se rebajara 5 m (hasta la cota − 5 m). ¿Es razonable el margen de seguridad adoptado?

Nota: se puede suponer que la presión del agua en el pie de la pantalla es igual al nivel del agua en el exterior de las pantallas

$$\gamma_w = 10 \ kN/m^3$$

Solución

Se toma como plano de comparación, un plano horizontal a la cota − 21 m.

1. Se supone que el levantamiento de fondo se produce en la base del estrato 2 (el más impermeable). El punto añadido en la base del estrato 2 sería el punto 3.

La presión intersticial es igual a la presión total en el terreno.

$$u_3 = 19 \cdot 1 + 20 \cdot 2 + 19 \cdot 4 = 135 \ kPa$$

Conocida la presión intersticial se puede obtener la energía en el punto 3 si se suma la cota geométrica

$$h_3 = 4 + 13,5 = 17,5 \text{ m}$$

La pérdida de energía total es igual a la suma de las pérdidas de energía en cada una de las capas.

$$H - 10 = i_1 \, 2 + i_2 \, 4 + i_3 \, 4 \qquad (I)$$

A continuación, se calculan los gradientes i_1, i_2 e i_3.

Gradiente entre las cotas – 21 m a – 17 m (i_3):

$$i_3 = \frac{H - 17,5}{4} = 0,25\,H - 4,375$$

Gradiente entre las cotas – 17 m a – 13 m (i_2):

$$i_2 \, k_2 = i_3 \, k_3$$

$$i_2 = \frac{H - 17,5}{4} \frac{10^{-4}}{5 \cdot 10^{-6}} = 5\,H - 87,5$$

Gradiente entre las cotas – 13 m a – 11 m (i_1):

$$i_1 \, k_1 = i_3 \, k_3$$

$$i_1 = \frac{H - 17,5}{4} \frac{10^{-4}}{5 \cdot 10^{-4}} = 0,05\,H - 0,875$$

Sustituyendo los gradientes que se acaban de obtener en la ecuación (I), tenemos

$$H - 10 = (0,25\,H - 4,375) \cdot 4 + (5\,H - 87,5) \cdot 4 + (0,05\,H - 0,875) \cdot 2$$

Resolviendo

$$H = 17,87 \text{ m}$$

Luego hay que rebajar

$$21 - 17,87 = 3,13 \text{ m}$$

Comprobación de que es la hipótesis de que el levantamiento de fondo se produce en la base del estrato 2.

Para ello hay que comprobar que las tensiones verticales efectivas en el resto de los estratos son positivas para esa situación

- En la base del estrato 3:

$$h_4 = 17,87 \text{ m}$$

$$u_4 = 178,7 \text{ kPa}$$

$$\sigma_4 = 1 \cdot 19 + 20 \cdot 2 + 4 \cdot 19 + 4 \cdot 21 = 219 \text{ kPa}$$

$\sigma_4 > u_4$; no hay levantamiento. La hipótesis es correcta.

- En la base del estrato 2:

$$h_3 = 17,87 - (0,25 \cdot 17,87 - 4,375) \cdot 4 = 17,5 \text{ m. Levantamiento de fondo}$$
$$\text{(hipótesis realizada)}$$

- En la base del estrato 1:

$$h_2 = 17,5 - (5 \cdot 17,87 - 87,5) = 10,1$$

$$10,1 = 8 + \frac{u_2}{10}$$

$$u_2 = 21 \text{ kPa}$$

$$\sigma_1 = 19 \cdot 1 + 20 \cdot 2 = 59$$

$\sigma_1 > u_1$; no hay levantamiento. La hipótesis es correcta.

2. Rebajamiento de 5 m: H = 16 m (el nivel del agua varía entre las cotas –5 m a – 21 m).

Esa pérdida de energía total es igual a la suma de la pérdida de energía en cada uno de los estratos

$$16 - 10 = 2 \, i_1 + 4 \, i_2 + 4 \, i_3 \qquad \qquad \text{(II)}$$

La velocidad es igual en cada uno de los estratos. Por tanto, de acuerdo con la ley de Darcy.

$$i_1 \, k_1 = i_2 \, k_2 \qquad = i_3 \, k_3$$

Obteniendo las siguientes relaciones ya que los coeficientes de seguridad son datos del enunciado:

$$i_1 = 0,2 \, i_3$$

$$i_2 = 20 \, i_3$$

Sustituyendo los gradientes en la ecuación (II)

$$16 - 10 = 0,2 \cdot 2\, i_3 + 20\, i_3\, 4 + \; + \; 4\, i_3$$

Operando

$$i_3 = 7,11 \cdot 10^{-2}$$

Y el resto de gradientes son;

$$i_1 = 0,2 \cdot 7,11 \cdot 10^{-2} = 0,0142$$

$$i_2 = 20 \cdot 7,11 \cdot 10^{-2} = 1,422$$

Conocida la carga hidráulica en el punto del fondo, se va ascendiendo para obtener la carga hidráulica en el resto de los puntos sin más que ir restando la pérdida de carga.

$h_4 = 16$ m

$h_3 = 16 - 7,11 \cdot 10^{-2} \cdot 4 = 15,71$ m

$h_2 = 15,71 - 4 \cdot 20 \cdot 7,11 \cdot 10^{-2} = 10,02$ m

$h_A = 10,02 - 1,5 \cdot 7,11 \cdot 10^{-2} \cdot 0,2 = 10$ m

Conocido la carga hidráulica en A, se obtiene la presión intersticial en A

$$u_a = (10 - 9,5)\, 10 = 5$$

Ahora obtenemos el valor de la tensión total

$$\sigma_A = 19 \cdot 1 + 0,5 \cdot 20 = 29 \text{ kPa}$$

$$\sigma'_A = 29 - 5 = 24 \text{ kPa}$$

Cota $-11,5$ m. Suponiendo que el terreno inicialmente estuviera normalmente consolidado la tensión vertical efectiva sería

$$\sigma'_A = (20 - 10) \times 11,5 = 115 \text{ Pa}$$

$$k_{o,sc} = k_{o,nc}\, (OCR)^n = (1 - \text{sen } 30)(115/24)^{0,5} = 1,09$$

$$\sigma'_{AH} = 24 \cdot 1,09 = 26,16 \text{ kPa}$$

$$\sigma_{AH} = 26,16 + 5 = 31,16 \text{ kPa}$$

El gradiente que produce el levantamiento de fondo (apartado 1) será:

$$i_2 = 5 \cdot 17,87 - 87,5 = 1,85$$

El gradiente existente (apartado 2) será:

$$i_2 = 20 \cdot 7,11 \cdot 10^{-5} = 1,42$$

El coeficiente de seguridad es igual al cociente entre el gradiente con el que se produce el levantamiento de fondo y el gradiente que realmente existe.

$$F = \frac{1,87}{1,42} \cdot 1,31$$

Este valor sería adecuado para la hipótesis fundamental y algo pequeño si fuese la combinación cuasipermanente (se suele exigir 1,5).

EJERCICIO 3.9

Para ampliar la red de metro de una ciudad se debe hacer un pozo de ataque circular en un terreno normalmente consolidado donde el nivel freático se ha detectado antes de comenzar las obras a 2 m de profundidad.

La campaña de reconocimiento realizada ha permitido caracterizar la estratigrafía, de techo a base, tal como se describe a continuación. Se incluyen los datos de los parámetros geotécnicos disponibles.

- Terreno 1 (3 metros de espesor):

  $\gamma_{sat} = 21,5$ kN/m^3;

  $\gamma_{ap} = 1,93$ t/m^3

- Terreno 2 (3 metros de espesor):

  $\gamma_{sat} = 2,01$ t/m^3;

  $\gamma_{ap} = 1,93$ t/m^3

  Coeficiente de permeabilidad = $8 \cdot 10^{-6}$ m/s

- Terreno 3 (5 metros de espesor):

$$\gamma_{sat} = 2,15 \ t/m^3$$

Coeficiente de permeabilidad = $3,6 \cdot 10^{-3}$ m/s

- Terreno 4 (4 metros de espesor):

$$\gamma_{sat} = 2,0 \ t/m^3;$$

Coeficiente de permeabilidad = $6 \cdot 10^{-4}$ cm/s

- Terreno 5 (4 metros de espesor): es un estrato de grava con alimentación lateral que tiene un nivel artesiano

Para construir el pozo es necesario realizar una serie de pantallas que profundizan hasta el nivel de gravas. Para llevar a cabo la auscultación de la obra se ha dispuesto un piezómetro en el contacto entre el terreno 4 y el terreno 5.

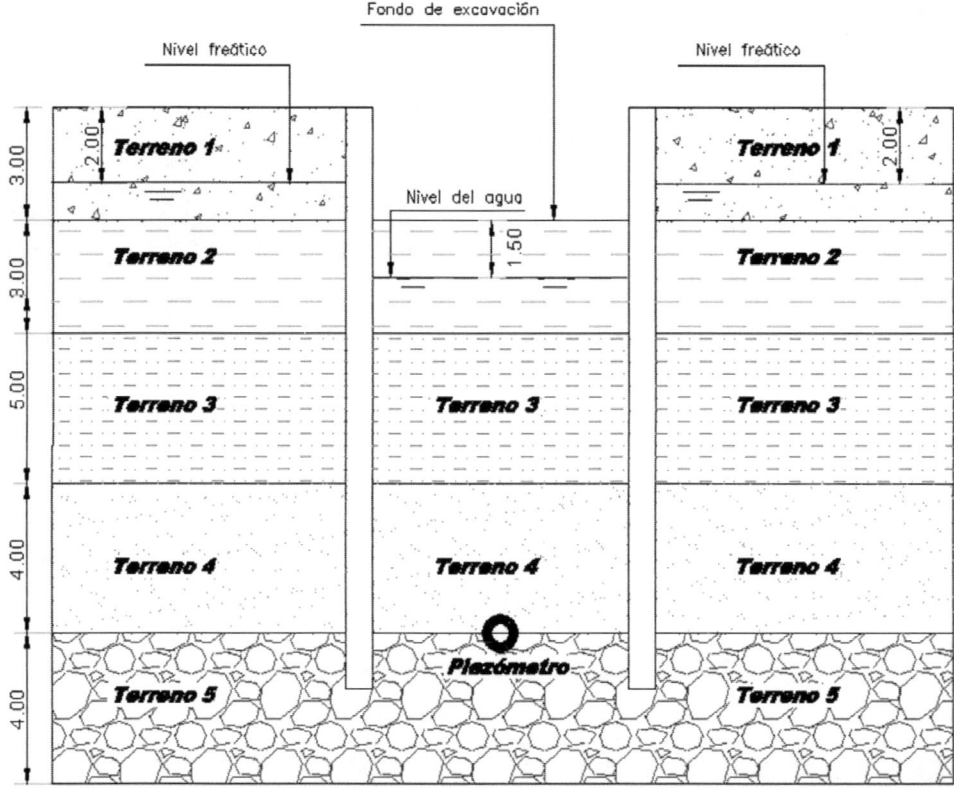

Se quiere analizar la situación que se muestra en el esquema adjunto. Como se puede ver, en dicho momento se habría excavado en el interior del pozo los tres metros superiores hasta alcanzar la superficie del terreno 2. Para facilitar continuar la excavación se dispone de un sistema de bombeo que sitúa el nivel freático en el interior del pozo a 1,5 m por debajo del fondo de excavación (se considerará que el terreno 2 por encima del nivel freático presenta una densidad igual a la aparente).

Se pide determinar el valor que debería registrar el piezómetro para que se produzca el levantamiento del fondo:

1. En el terreno 4.

2. En el terreno 3.

3.   En el terreno 2.

Se puede suponer que el gradiente producido por la filtración en el interior del pozo es vertical y que el peso específico del agua es 10 kN/m^3.

Solución

Se toma como plano de comparación, un plano horizontal que pase por la base del terreno 4.

— Terreno 4

La tensión total sería igual a la presión intersticial en la base del terreno 4.

$$u_4 = 1,93 \cdot 1,5 + 2,01 \cdot 1,5 + 2,15 \cdot 5 + 2 \cdot 4 = 24,66 \text{ t/m}^3$$

— Terreno 3

La tensión total sería igual a la presión intersticial en la base del terreno 3.

$$u_3 = 1,93 \cdot 1,5 + 2,01 \cdot 1,5 + 2,15 \cdot 5 = 16,65 \text{ t/m}^3$$

Para obtener la energía en 3 hay que sumar a la cota geométrica la presión intersticial dividida por el peso específico del agua:

$$h_3 = 4 + 16,66 = 20,66 \text{ m}$$

En el punto 1 (superficie del agua libre) la energía/potencial hidráulico/ carga hidráulica) sería igual a la cota geométrica

$$h_1 = 4 + 5 + 1,5 = 10,5 \text{ m}$$

La diferencia de energía entre el punto 3 y el 1 se pierde en el suelo 3 y en el suelo 2.

Los coeficientes de permeabilidad son datos del enunciado y los espesores del terreno también son conocidos. La única incógnita sería la velocidad.

$$\Delta h_3^1 = 20,66 - 10,5 = 10,15 = v\left(\frac{5}{3,6 \cdot 10^{-3}} + \frac{1,5}{8 \cdot 10^{-6}}\right)$$

$$v = 5,39 \cdot 10^{-5} \text{ m/s}$$

Conocida la velocidad (que es igual en todos los estratos) es inmediato conocer la pérdida de energía total en toda la filtración.

$$\Delta h = 5,69 \cdot 10^{-5}\left(\frac{1,5}{8 \cdot 10^{-6}} + \frac{5}{3,6 \cdot 10^{-3}} + \frac{4}{6 \cdot 10^{-6}}\right) = 46,1 \text{ m}$$

Y la energía en 4 sería igual a la suma de la energía en 1 más la pérdida de energía total.

Como el punto 4 está en la base la energía coincide con la presión intersticial.

$$u_4 = 46,1 + 10,5 = 56,6 \text{ t/m}^2$$

— Terreno 2

La tensión total sería igual a la presión intersticial en la base del terreno 2.

$$u_2 = 1,93 \cdot 1,5 + 2,01 \cdot 1,5 = 5,91 \text{ t/m}^2$$

La energía en 2 la obtenemos a partir de la presión intersticial en 2 y conociendo la cota geométrica

$$h_2 = 9 + 5,91 = 14,91 \text{ m}$$

La energía en 1 es igual a la cota geométrica ya que el punto 1 se encuentra en la superficie del nivel freático

$$h_1 = 10,5 \text{ m}$$

La pérdida de energía entre 1 y 2 es:

$$\Delta h_2 = 14,91 - 10,5 = 4,41 = v\,\frac{1,5}{8 \cdot 10^{-6}}$$

Mediante la ecuación anterior es posible determinar la velocidad:

$$v = 2,36 \cdot 10^{-5} \text{ m/s}$$

Y con la velocidad se puede obtener la pérdida de energía total (como se conoce que si la velocidad es $5,39 \cdot 10^{-5}$ m/s la pérdida de energía total es 46,1 m, se puede hacer de manera proporcional)

$$\Delta h = 46,1 \ \frac{2,36}{5,39} = 20,20 \ \text{m}$$

$$u_4 = 20,20 + 10,5 = 30,7 \ \text{t/m}^2$$

Como se puede ver el levantamiento de fondo se produce en la base del estrato más impermeable.

EJERCICIO 3.10

Se han construido las paredes laterales de un pozo circular de ataque con pantallas impermeables de 20 m de profundidad en el terreno que se describe a continuación:

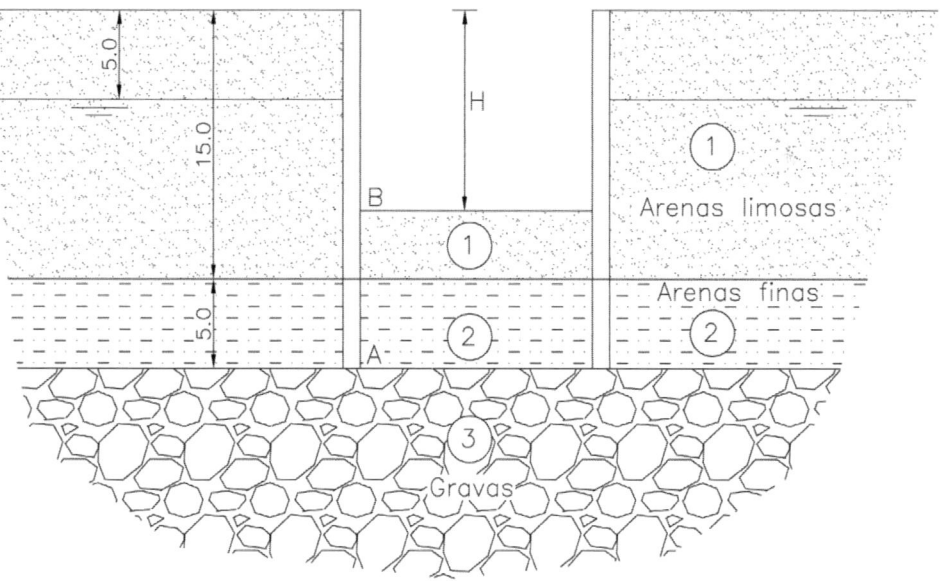

- Capa superior de arenas limosas de 15 m de espesor:

  $\gamma_{sat} = 21,5 \ \text{kN/m}^3$

  $K = 2 \times 10^{-4}$ cm/s

- Capa intermedia de arenas finas de 5 m de espesor:

  $\gamma_{sat} = 21{,}0$ kN/m^3

  $K = 4 \times 10^3$ cm/s

- Capa profunda de gravas:

  $K = \infty$

El nivel freático se sitúa a 5 m de la superficie del terreno y la capa de gravas tiene alimentación lateral coincidiendo el nivel piezométrico con el nivel freático que existe fuera de las pantallas.

Nota: $\gamma_w = 10$ kN/m^3.

Se pide calcular la profundidad mínima de excavación (H) con achique dentro del pozo para que se produzca el levantamiento de fondo.

Solución

Se toma como plano de comparación, un plano horizontal que pase por el pie de la pantalla

1ª Condición: la pérdida de energía total es la que se pierde en cada uno de los estratos

$$\Delta h^1_3 = \Delta h_3^2 + \Delta h_2^1$$

$$h_3 = 0 + \frac{150}{10} = 0 + 15 = 15 \text{ m}$$

$$h_1 = 5 + (15 - H) = 20 - H$$

$$h_3 - h_1 = 15 - (20 - H) = H - 5$$

$$(H - 5) = 5i_2 + (15 - H)i_1$$

2ª Condición; el caudal que circula por los distintos estratos es el mismo y la sección es la misma. La velocidad es constante:

$$Q_1 = Q_2$$

$$V_1 = V_2$$

$$k_1 i_1 = k_2 i_2$$

$$2 \cdot 10^{-4} i_1 = 4 \cdot 10^{-2} i_2 \quad i_1 = 20 i_2$$

Sustituyendo en la expresión anterior

$$(H - 5) = 5i_2 + (15 - H)i_1$$

se obtiene

$$(H - 5) = 5i_2 + (15 - H)\ 20\ i_2 \ ;$$

$$H - 5 = 5i_2 + 300i_2 - 20Hi_2$$

$$H - 5 = (305 - 20H)i_2$$

$$i_2 = \frac{H - 5}{30,5 - 20H}$$

1ª Hipótesis: levantamiento en el punto 3.

La tensión total en el punto 3 es igual a la presión intersticial de punto 3:

$$\sigma_3 = u_3$$

$$(15 - H) \cdot 21,5 + 5 \cdot 21 = 150$$

$$322,5 - 21,5\ H + 105 = 150$$

$$H = 12,90\ m$$

2ª Hipótesis: levantamiento en el punto 2.

La tensión total en el punto 2 es igual a la presión intersticial de punto 2

$$\sigma_2 = (15 - H) \cdot 21,5 = 322,5 - 21,5H = u_2$$

Conocida la presión intersticial en 2 se puede calcular la energía en 2

$$h_2 = 5 + \frac{322,5 - 21,5H}{10} = 5 + 32,25 - 2,15H = 37,25 - 2,15H$$

$$h_3 - \Delta h_3{}^2 = h_2$$

$$h_3 - i_2 \cdot 5 = h_2$$

A partir del dibujo del enunciado se puede obtener el valor de h_3. La cota geométrica es 0 y la presión del agua viene dada por el nivel en la zona exterior de las pantallas. Se ha considerado 15 m de columna de agua.

$$h_3 = 0 + \frac{15 * 10}{10}$$

$$15 - 5 \cdot \frac{H-5}{305-20H} = 37,25 - 2,15H$$

$$2,15H - 22,25 - \frac{5H+25}{305-20H} = 0$$

$$655,75H - 43H^2 - 6786,25 + 445H - 5H + 25 = 0$$

$$-43H^2 + 1095,75 - 6761,25 = 0$$

$$H^2 - 25,48H + 157,24 = 0$$

$$H = \frac{25,48 \pm \sqrt{649,23 - 628,96}}{2} = \frac{25,48 \pm 4,50}{2} = \begin{cases} 10,48 \text{ m} \\ 14,99 \text{ m} \end{cases}$$

La solución es el valor más pequeño de los obtenidos. Ya que cuando se alcance ese valor de H, no será posible proseguir la excavación ya que se produciría el fenómeno de levantamiento de fondo.

$$H = 10,48 \text{ m}$$

Como este valor es más pequeño que si se produjera levantamiento en el punto 2, es un estrato más impermeable.

Capítulo **4**

COMPRESIÓN Y CONSOLIDACIÓN DE SUELOS

EJERCICIO 4.1

Se tiene un terreno cuyo perfil estratigráfico y propiedades se indican en la figura (puede asumirse que las propiedades de la muestra procedente de A son representativas de todo el estrato). El nivel freático se encuentra originalmente a 1 m por debajo de la superficie, y todas las arenas por encima del nivel freático (N.F.) tienen la densidad aparente indicada.

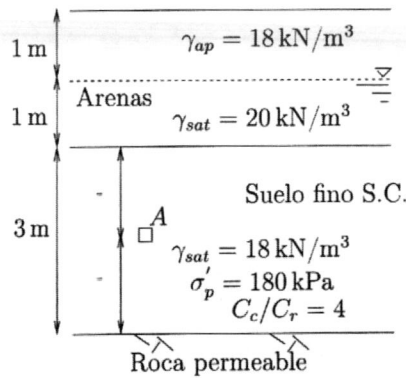

Se pide:

1. Calcular la presión total, neutra y efectiva en el punto A, en las siguientes situaciones:

   (i) en la situación inicial (ver Figura);

   (ii) justo después de bombear, rápidamente, el agua de las arenas hasta rebajar 1 m el N.F.

2. Mucho después de rebajado el N.F., se construye en superficie un depósito metálico de grandes dimensiones y peso propio despreciable. Un mes después de llenarlo rápidamente con agua hasta 4 m de altura, se mide un acortamiento de 1 cm de la capa de "suelo fino", su acortamiento a largo plazo es 2,5 cm. Se pide:

   a) Calcular la presión total, neutra y efectiva en A al mes de llenar el depósito.

   b) Calcular los valores, en carga noval y en descarga-recarga, del coeficiente de consolidación (C_v) y módulo edométrico (E_m) representativos del "suelo fino".

Solución

1.

(**i**) En la situación inicial las presiones intersticiales corresponderán a la situación hidrostática.

Presión total: $\sigma = 18 + 20 + 1{,}5 \cdot 18 = 65$ kPa

Presión intersticial: $u = 2{,}5 \cdot 10 = 25$ kPa

Presión efectiva: $\sigma' = 65 - 25 = 40$ kPa

(ii) Descenso del nivel freático en 1 m. Por encima del nivel freático se considera el peso específico aparente. La presión intersticial será la hidrostática a partir del nuevo nivel freático.

Presión total: $\sigma = 18 \cdot 2 + 1{,}5 \cdot 18 = 63$ kPa

Presión intersticial: $u = 25 \cdot 1 - 2 = 23$ kPa

Presión efectiva: $\sigma' = 63 - 23 = 40$ kPa

2. Mucho después del descenso del nivel freático se produce un incremento de carga debido a la construcción de un depósito. Para calcular las presiones se debe conocer el grado de consolidación del terreno un mes después de aplicada la carga. Para ello, se conoce que el asiento al mes es de 1 cm y que el asiento total, una vez estabilizado sería de 2,5 cm. Por tanto, el grado de consolidación será del 40%. Conocido el grado de consolidación se puede obtener el factor tiempo T_v.

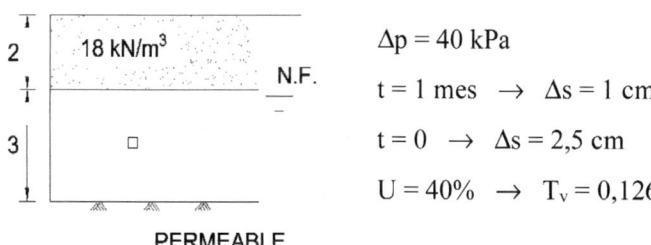

a) De las isócronas

Para la isócrona correspondiente a $T_v = 0{,}126$. Como el material inferior es drenante, el punto A se sitúa en el eje de simetría de la isócrona.

De la isócrona se puede deducir que, al mes, se ha producido un decremento del 10% de la presión intersticial (todavía quedaría por disipar un 90% de las presiones intersticiales).

La tensión total será la que existía (63 kPa) más la presión ejercida por el depósito.

La presión intersticial, sería la existente más el 90% de la nueva carga aplicada. El depósito produce inicialmente una presión de 40 kPa, al mes se ha disipado un 10%; luego quedaría un 90% del incremento.

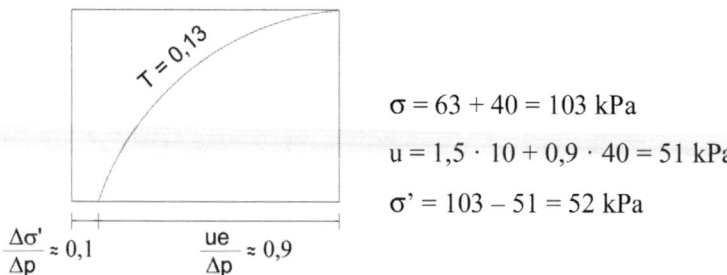

$$\sigma = 63 + 40 = 103 \text{ kPa}$$

$$u = 1,5 \cdot 10 + 0,9 \cdot 40 = 51 \text{ kPa}$$

$$\sigma' = 103 - 51 = 52 \text{ kPa}$$

Al producir la descarga el suelo estará sobreconcsolidado. En el enunciado se indica la relación entre el coeficiente de compresión en carga y en descarga.

Descarga. Se mantiene el suelo sobreconsolidado (S.C.).

$$\Delta_{500/1m} = \frac{1}{4} \Delta_{500/4m} = \frac{1}{4} \, 2,5 \text{ cm} = 0,62 \text{ cm}$$

b) El coeficiente de consolidación vertical se deduce a partir del factor tiempo T_v. Al ser drenante por ambas caras el valor de H es igual a 1,5 m. Es independiente de si es carga noval o descarga.

$$T_v = \frac{C_v \cdot t}{H^2}$$

$$C_{v,r} = \frac{0,126 \, (150)^2}{30 \text{ d} \cdot 24 \, ^h/_d \cdot 3600 \, ^s/_h} = 1,1 \cdot 10^{-3} \text{ cm}^2/\text{s}$$

El módulo edométrico en carga noval sería

$$E_{m,r} = \frac{\Delta p}{\varepsilon} = \frac{40 \text{ kPa}}{2,5 \text{ cm}/300 \text{ cm}} = 4,8 \text{ MPa}$$

El módulo de deformación en recarga será cuatro veces mayor que el módulo edométrico en carga noval, según lo indicado en el enunciado del ejercicio ($C_r = 4 \, C_c$).

De esta manera el módulo edométrico encarga noval será igual a 19,2 MPa.

EJERCICIO 4.2

En una zona pantanosa se tiene el perfil estratigráfico de la figura, en el que las capas son homogéneas. La Arcilla 1 está normalmente consolidada $\gamma_{sat} = 17{,}0$ kN/m^3 y la Arcilla 2 sobreconsolidada $\gamma_{sat} = 18{,}5$ kN/m^3. Las arenas drenan libremente y tienen comportamiento elástico (las propiedades de cada suelo se indican en la figura y tabla siguientes).

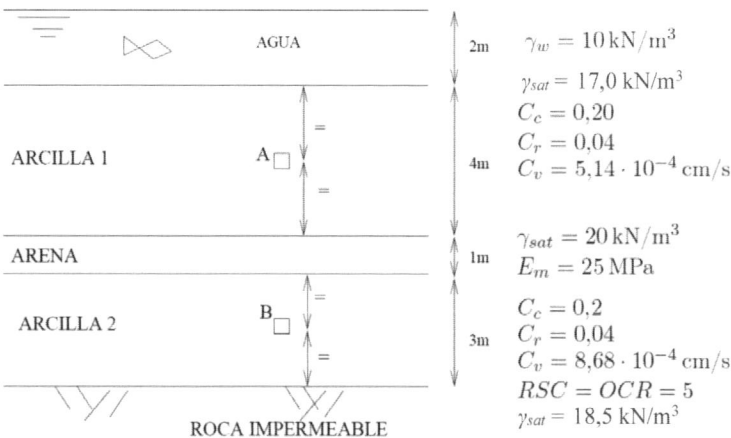

Para que sirva como plataforma de trabajo auxiliar, se va a rellenar con 3 m de escollera, con peso específico seco $\gamma_d = 17$ kN/m^3 y saturado $\gamma_{sat} = 20$ kN/m^3. Se considerará que el relleno con escollera (y su eventual retirada) se producen instantáneamente, y pueden despreciarse las deformaciones sufridas por la misma.

Se pide:

1. Calcular las presiones totales, neutras y efectivas en los puntos A y B en las siguientes situaciones:

    (i) antes del relleno con escollera;

    (ii) inmediatamente después del relleno;

    (iii) pasados 6 meses desde el relleno; y

    (iv) a largo plazo.

2. Calcular el asiento en las siguientes situaciones:

    (i) a los 6 meses de colocada la escollera, y

    (ii) a largo plazo.

3. Calcular el levantamiento a largo plazo que se produciría si, mucho tiempo después de terminados los trabajos y una vez se estabilicen los asientos, se retira la escollera. Justifique razonadamente si dicho levantamiento sería más rápido o más lento que el asiento calculado anteriormente.

Solución

1. Presiones

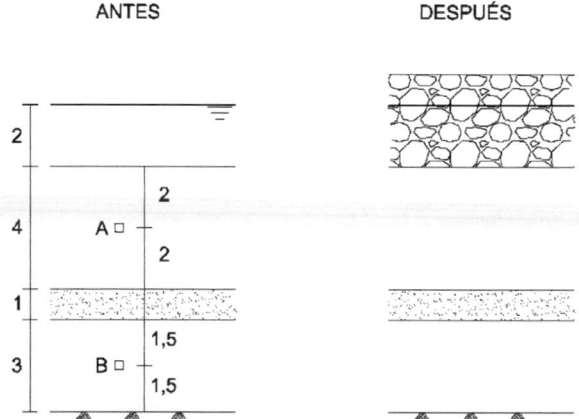

ANTES   DESPUÉS

El incremento de la presión efectiva ($\Delta\sigma$) producía por la carga se produce por el nuevo relleno colocado. Del esquema anterior se observa que, de los 3 metros de escollera, el metro superior se encuentra seco y los 2 metros restantes están bajo el nivel freático, por tanto, se emplea el peso específico seco y saturado, respectivamente, luego:

$$\Delta\sigma = 1m\ \gamma_d + 2m\ \gamma' = 1 \cdot 17 + 2 \cdot 10 = 37\ kN/m^2$$

(i) Antes

Las tensiones serian debido a la condición geostática (debida al peso propio) y con la condición hidrostática.

$$A \begin{cases} \sigma_A = 2 \cdot \gamma_w + 2 \cdot \gamma_{sat,1} = 2 \cdot 10 + 2 \cdot 17 = 54\ kPa \\ u_A = 4 \cdot \gamma_w = 4 \cdot 10 = 40\ kPa \\ \sigma'_A = 54 - 10 = 14\ kPa \end{cases}$$

$$B \begin{cases} \sigma_B = \sigma_A + 2 \cdot \gamma_{sat,1} + 1 \cdot \gamma_{sat,a} + 1,5\ \gamma_{sat,2} = 135,75\ kPa \\ u_B = 8,5 \cdot \gamma_w = 5,5 \cdot 10 = 85,0\ kPa \\ \sigma'_B = 135,75 - 85 = 50,75\ kPa \end{cases}$$

(ii) Inmediatamente después

Inmediatamente después de colocar la carga, todo el incremento tensional se *convierte* en incremento de presión intersticial, produciendo una disminución de la tensión efectiva. La tensión total será igual a la que existía previamente más el incremento de carga.

$$A \begin{cases} \sigma_A = 54 + \Delta\sigma = 54 + 37 = 91 \text{ kPa} \\[4pt] u_A = 40 + \Delta\sigma = 40 + 37 = 77 \text{ kPa} \\[4pt] \sigma'_A = 91 - 778 = 14 \text{ kPa} \end{cases}$$

$$B \begin{cases} \sigma_B = 135,75 + \Delta\sigma = 135,75 + 37 = 172,75 \text{ kPa} \\[4pt] u_B = 85 + \Delta\sigma \quad\;\; = 85 + 37 = 122,0 \text{ kPa} \\[4pt] \sigma'_B = 172,75 - 50,75 = 50,75 \text{ kPa} \end{cases}$$

(iii) Pasado 6 meses

Se calcular el grado de consolidación 6 meses después de colocada la carga. Para ello se calcular el factor tiempo en el punto A y en el punto B.

En el caso del punto A como los dos límites son permeables el valor de H_a será de 2 m (la mitad del espesor del estrato).

En cambio, en el punto B, el límite inferior es impermeable. Por esa razón, el valor de H_b es igual al espesor del estrato (3 m).

$$T_{va} = \frac{C_{va}t}{H_a^2} = \frac{5,14 \cdot 10^{-4} \cdot 6 \cdot 30 \cdot 24 \cdot 3600}{200^2} = 0,2$$

$$U_a = \sqrt{\frac{4}{\pi}T_{va}} = 0,504$$

$$T_{vb} = \frac{C_{vb}t}{H_b^2} = \frac{6,68 \cdot 10^{-4} \cdot 6 \cdot 30 \cdot 24 \cdot 3600}{300^2} = 0,15$$

$$U_b = \sqrt{\frac{4}{\pi}T_{vb}} = 0,437$$

Una vez determinado el valor del grado de consolidación es necesario emplear las isócronas para conocer cuál es el incremento de presión intersticial y cuál el incremento de la tensión efectiva. En el caso del punto A, hay que mirarlo en el eje de simetría de la isócrona completa (es el punto medio de un estrato drenante por ambos límites) y en el caso de la isócrona del punto B es el punto inferior del estrato, pero considerando la mitad de la isócrona ya que el estrato inferior es impermeable.

Del gráfico de la isócrona se obtiene que la tensión vertical efectiva del punto A es el 23,5% del total (es la distancia del gráfico desde la línea vertical de la izquierda a la isócrona) y en el caso del punto B sería el 37%

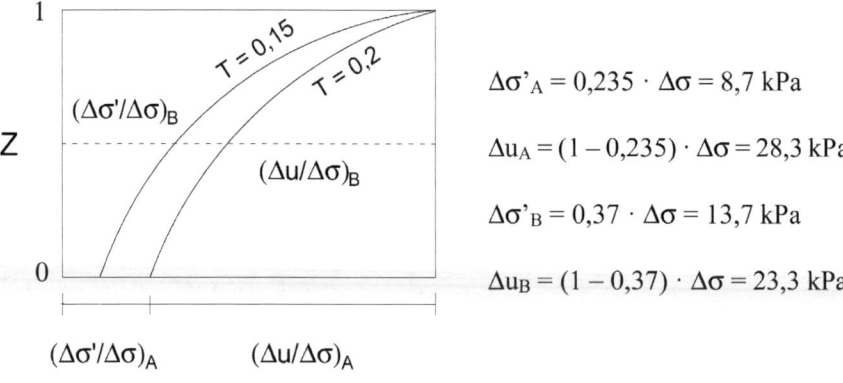

$\Delta\sigma'_A = 0{,}235 \cdot \Delta\sigma = 8{,}7 \text{ kPa}$

$\Delta u_A = (1 - 0{,}235) \cdot \Delta\sigma = 28{,}3 \text{ kPa}$

$\Delta\sigma'_B = 0{,}37 \cdot \Delta\sigma = 13{,}7 \text{ kPa}$

$\Delta u_B = (1 - 0{,}37) \cdot \Delta\sigma = 23{,}3 \text{ kPa}$

Obtenidos las variaciones de la presión intersticial y de la tensión vertical efectiva en este instante, dichos valores deben ser sumados a los que existían inicialmente, antes de la colocación de la carga.

$$A \begin{cases} \sigma_A = 91 \text{ kPa} \\ u_A = 40 + 28{,}3 = 68{,}3 \text{ kPa} \\ \sigma'_A = 14 + 8{,}7 = 22{,}7 \text{ kPa} \end{cases}$$

$$B \begin{cases} \sigma_B = 172{,}75 \text{ kPa} \\ u_B = 85 + 23{,}3 = 108{,}3 \text{ kPa} \\ \sigma'_B = 50{,}75 + 13{,}7 = 64{,}45 \text{ kPa} \end{cases}$$

(iv) A largo plazo

A largo plazo toda la carga aplicada ha sido *transmitida* al terreno. De manera que la presión intersticial es igual a la inicial y la tensión efectiva se incremente en el valor de la sobrecarga.

$$A \begin{cases} \sigma_A = 91 \text{ kPa} \\ u_A = 40 \text{ kPa} \\ \sigma'_A = 14 + 37 = 51 \text{ kPa} \end{cases}$$

$$B \begin{cases} \sigma_B = 172{,}75 \text{ kPa} \\ u_B = 85 \text{ kPa} \\ \sigma'_B = 50{,}75 + 37 = 87{,}75 \text{ kPa} \end{cases}$$

2. Asientos

Para el cálculo de los asientos se estima en primer lugar la variación del índice de huecos entre el estado inicial y el final (que es en el que se pregunta el valor del asiento). El valor del coeficiente de compresión noval (C_c)es un dato del enunciado.

A un tiempo de consolidación, t = 100%.

- Arcilla 1

$$\Delta e = C_c \cdot \log \left(\frac{\sigma'_{A,final}}{\sigma'_{A,inicio}} \right) = 0,2 \log \left(\frac{51}{14} \right) = 0,112$$

Conocida la variación del índice de huecos es inmediato determinar la deformación unitaria del estrato. Y multiplicada por el espesor total del estrato se obtiene la deformación total del estrato que se convierte en asiento.

$$\Delta H_{1_{100}} = \frac{\Delta e}{1 + e_o} \cdot H_1 = \frac{0,112}{2,35} \cdot 400 \text{ cm} = 19 \text{ cm}$$

- Arena

Para el cálculo del asiento de la capa de arena se emplea el valor del módulo de deformación edométrico que es un dato del enunciado.

$$\varepsilon = \frac{\Delta\sigma'}{E} = \frac{37 \text{ kPa}}{25.000} = 0,00148$$

$$\Delta H_{arena,100} = 0,00148 \cdot 100 \text{ cm} = 0,15 \text{ cm}$$

- Arcilla 2

El cálculo de la arcilla 2 se realiza de manera análoga al de la capa 1 de arcilla, pero, al estar la arcilla normalmente consolidada, se debe emplear el coeficiente de compresión en recarga C_r.

$$\Delta e = C_r \cdot \log \left(\frac{\sigma'_{B,final}}{\sigma'_{B,inicio}} \right) = 0,04 \log \left(\frac{87,75}{50,75} \right) = 0,0095$$

$$\Delta H_{2_{100}} = \frac{\Delta e}{1 + e_o} \cdot H_2 = \frac{0,0095}{2,0} \cdot 300 \text{ cm} = 1,43 \text{ cm}$$

El asiento a largo plazo (cuando se ha terminado el proceso de consolidación) sería igual a

$$\Delta s \ (t = 100\%) = \Sigma \ \Delta H_{100\%} = 20,6 \text{ cm}$$

A los 6 meses sólo se habrá producido parte del asiento de las arcillas puesto que no ha finalizado el tiempo de consolidación (anteriormente se había obtenido que el grado de consolidación sería igual al 50,4% e igual al 43,7% en el caso de la capa B de arcilla. El asiento de la capa de arena se supone inmediato, por lo que sería el máximo.

$$\Delta s \ (t = 6 \text{ meses}) = \Sigma \ U_i \ \Delta H_i = 0,504 \cdot 19 + 1,0 \cdot 0,15 + 0,437 \cdot 1,43 = 10,35 \text{ cm}$$

3. Levantamiento

Para obtener el valor del levantamiento al retirar la carga hay que tener en cuenta los distintos tipos estratos.

- En el estrato de la arcilla 1, el levantamiento se realizará considerando que el módulo de descarga es superior al de carga noval La relación entre el coeficiente de compresión en recarga y en carga noval es (0,04/0,20).

- La arena es un material elástico por lo que el módulo de deformación es igual en carga y en descarga.

- En el caso de la arcilla 2 como el estrato está sobreconsolidado el módulo de deformación es igual en carga noval y en recarga.

$$\text{Arcilla 1} \ \rightarrow \ \Delta H_i^{\uparrow} = \frac{0,04}{0,20} \cdot \Delta H^{\downarrow} = \frac{19}{5} = 3,80 \text{ cm} \ \uparrow$$

Arena = (hallado en el apartado 2)   0,15 cm ↑

Arcilla 2 = (hallado en el apartado 2)   <u>1,43 cm ↑</u>

5,38 cm

Es decir, el valor de 5,38 cm es menor al asiento total de 20,6 cm debido a que el levantamiento ocurre más rápido ya que el C_v en descarga de la arcilla 1 aumenta (se pasaría de un comportamiento normalmente consolidado a un comportamiento en descarga).

EJERCICIO 4.3

En un terreno con el perfil estratigráfico, posición del nivel freático, y propiedades geotécnicas indicadas en la figura, se va a construir un relleno (arenas) extenso de 2 m de espesor, $\gamma_{ap} = 17,5 \text{ kN/m}^3$ y $\gamma_{dry} = 14,5 \text{ kN/m}^3$.

De los ensayos de laboratorio para su caracterización se sabe además que sus densidades máxima y mínima, según ensayos normalizados, son $\gamma_{min} = 14 \text{ kN/m}^3$ y $\gamma_{max} = 18 \text{ kN/m}^3$. Se sabe también que el peso específico de sus partículas es $\gamma_s = 26,5 \text{ kN/m}^3$.

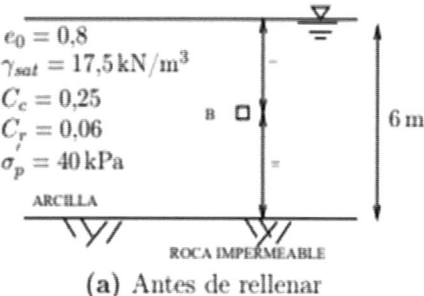

$e_0 = 0{,}8$
$\gamma_{sat} = 17{,}5\,\text{kN/m}^3$
$C_c = 0{,}25$
$C_r = 0{,}06$
$\sigma'_p = 40\,\text{kPa}$

ARCILLA

ROCA IMPERMEABLE

B

6 m

(a) Antes de rellenar

Se pide:

1. El acortamiento a largo plazo (L.P.) del estrato de arcilla debido al relleno. Emplee para ello los parámetros de la curva edométrica indicados en la figura. Puede asumirse que la deformación unitaria en B es representativa de todo el estrato.

   Largo tiempo después de rellenar, se plantea construir un depósito de gran diámetro que transmitirá una carga media de 15 kPa. A partir de la experiencia con el relleno, se sabe que el módulo edométrico de la arcilla para este escalón de carga puede tomarse como $E_m = 1500$ kPa; se sabe también que en un año se producirá el 40% del asiento final producido por la sobrecarga del depósito (puede considerarse que la sobrecarga del depósito es *instantánea*).

2. El acortamiento de la arcilla que produciría el depósito a L.P. (emplee en sus cálculos el módulo edométrico, E_m indicado).

3. El valor de la presión total, neutra y efectiva, en el punto B, en las siguientes situaciones:

   (i) antes de colocación de la carga

   (ii) inmediatamente después del depósito;

   (iii) a los 12 meses de construir el depósito;

   (iv) a largo plazo.

4. Imagine ahora que, en lugar del depósito, se construye un edificio que transmite la misma sobrecarga (15 kPa) pero de manera *lenta*, de modo que la carga del edificio aumenta linealmente hasta el final de su construcción, que se estima en un año ¿Cuál habría sido el acortamiento de la arcilla al finalizar la construcción del edificio (1 año) en este caso?

5. ¿Cuánto vale el coeficiente de consolidación de la arcilla, C_v?

Solución

1. Para calcular el acortamiento del terreno es necesario conocer cuál es la tensión efectiva antes y después de aplicar la carga

Tensión vertical efectiva inicial:

$$\sigma'_{B,\ INC} = 3 \cdot 7,5 = 22,5 \text{ kPa}$$

Tensión vertical efectiva tras la colocación de los 2 m de relleno:

$$\sigma'_{B\ FINAL} = 22,5 + 2 \cdot 17,5 = 57,5 \text{ kPa}$$

Como se puede ver en el esquema adjunto la tensión vertical efectiva final superar el valor de la presión de preconsolidación. Por tanto, entre la tensión vertical efectiva inicial y la tensión de preconsolidación se debería emplear el coeficiente en recarga y entre la presión de preconsolidación y el valor final sería el coeficiente de compresión en carga noval.

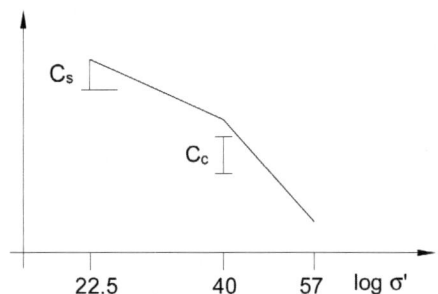

$$\Delta e = 0,06 \cdot \log \left(\frac{40}{22,5} \right) + 0,25 \cdot log \left(\frac{57}{40} \right) = 0,0544$$

$$\varepsilon = \frac{\Delta e}{1 + e_o} = 2,7\%$$

$$\Delta s = 0,027 \cdot 600 = 16,3 \text{ cm}$$

2. El enunciado facilita el incremento de carga que se aplica y el módulo edométrico. Por tanto, es posible estimar la deformación unitaria. Y conocida la deformación unitaria es posible obtener el asiento multiplicando por el espesor de la capa

$$E_m = 1500 \text{ kPa}$$

$$\varepsilon = \frac{15}{1500} = 0,01$$

$$\Delta s = 0,01 \times 600 = 6 \text{ cm}$$

3.

(i) antes de colocar la carga, la presión total seria la tensión vertical efectiva que había en el terreno

$$\sigma'_B = 57,5 \text{ kPa}$$

(ii) Inmediatamente después de colocada la carga, la tensión vertical efectiva la presión total no varía porque la presión de la carga aplicada es soportada por el agua (que incrementa en dicho valor la presión intersticial)

$$\sigma'_B = 57,5 \text{ kPa}$$

(iii) Para calcular la tensión vertical efectiva a los 12 meses se debe conocer el grado de consolidación en ese instante.

A los 12 meses el grado de consolidación sería del 40% ya que se indica en el enunciado que en ese instante el asiento es el 40% del total. Conocido el grado de consolidación con es posible determinar el factor T_v.

$$U_{12\,m} = 0,4$$

$$T_v = 0,1257$$

Una vez averiguado el factor T_v se conoce la isócrona correspondiente. Como el estrato inferior es impermeable, se considera la mitad de la isócrona. Y, como el punto A está en el medio del estrato, se considera el punto medio de esta (media) isócrona; en este caso, resulta un valor de 0,3

$$u_z = 0,3$$

$$\Delta\sigma'_B = 15 * 0,3 = 4,5 \text{ kPa}$$

La tensión vertical efectiva será igual a la inicial más este incremento recibido por la colocación de la carga

$$\sigma'_B = 57,5 + 4,5 = 62 \text{ kPa}$$

(**iv**) A largo plazo toda la carga aplicada se trasmite al terreno, es decir, se produce un incremento de presión efectiva igual a la carga aplicada.

$$\sigma'_B = 57,5 + 15 = 72,5 \text{ kPa}$$

4. en este apartado se indica que el incremento de carga no se produce de manera instantánea, sino que se va aplicando progresivamente, hasta alcanzar el máximo un año después

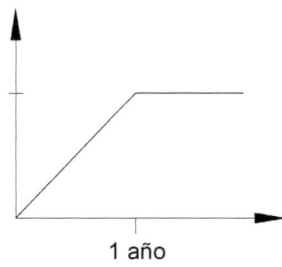

1 año

Al año se sabe que el grado de consolidado es del 40%, tal como se ha comentado anteriormente

$$U_{1 \text{ año}} = 0,4\%$$

Por tanto, el asiento que existiría al año, si la carga se hubiera aplicado linealmente, sería del 40% del asiento total (6 cm)

$$\Delta s_{1 \text{ año}} = 0,4 \cdot 6 \text{ cm} = 2,4 \text{ cm}$$

Si la carga fuera aplicada de manera lineal, el asiento resulta igual a 2/3 del que resulta si la carga se aplica de manera instantánea

$$As_{1 \text{ año}} = 2/3 \cdot 2,4 = 1,6 \text{ cm}$$

5. El coeficiente de consolidación vertical se puede obtener ya que se conoce el factor tiempo, T_v a los 12 meses de aplicada la carga. Como solo es permeable el límite superior del estrato se debe considerar el espesor completo del estrato.

$$T = 0,1257 = \frac{C_v \cdot 1 \text{ año}}{(6\,m)^2}$$

$$C_v = 4,52\ m^2/año$$

EJERCICIO 4.4

Sobre un terreno con el perfil estratigráfico y las propiedades que se indican en la figura, y que pueden asumirse como representativas de todo el estrato, se construye un depósito que puede llenarse rápidamente, y que una vez lleno aporta una sobrecarga $\Delta\sigma = 20$ kPa.

El nivel freático está en el contacto entre el suelo granular y las arcillas.

Se sabe que, tres meses después de llenar el depósito, el acortamiento de la capa de arcillas es de 2,2 cm; y que dos piezómetros colocados en A y B miden presiones intersticiales de valor: $u_a = 20$ kPa y $u_b = 40$ kPa.

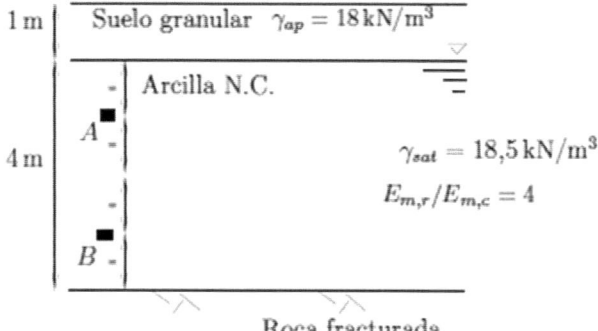

Se pide:

1. Calcular la presión vertical efectiva en A y B (ver figura), en las siguientes situaciones:

    (i) situación inicial;

    (ii) justo después de llenar (rápidamente) el depósito;

    (iii) a los tres meses de llenar el depósito; y

    (iv) a largo plazo.

2. Calcular el acortamiento final de la arcilla, a largo plazo, producido por el depósito lleno y la permeabilidad de la arcilla.

3. Calcular el acortamiento final de la arcilla, a largo plazo, si a los tres meses de llenar el depósito éste se vacía rápidamente y se mantiene vacío.

Nota. Puede suponerse en los cálculos que $\gamma_w = 10$ kN/m³, y que las isócronas son parábolas.

Solución

1.

(i) Inicial

La tensión vertical efectiva se corresponde con la condición geostática con la condición de presión hidrostática.

$$\sigma'_{v,A} = 1 \cdot 18 + 1 \cdot 8,5 = 26,5 \text{ kPa}$$

$$\sigma'_{v,B} = 26,5 + 2 \cdot 8,5 = 43,5 \text{ kPa}$$

(ii) Justo después de llenar el depósito

Todo el incremento de carga es aplicado inicialmente al agua transformándose en incremento de presión intersticial. Las tensiones efectivas no varían.

$$\sigma'_{v,A} = 26,5 \text{ kPa}$$

$$\sigma'_{v,B} = 43,5 \text{ kPa}$$

(iii) 3 meses después

Para calcular las tensiones efectivas es necesario conocer el grado de consolidación en ese instante (3meses después). En este caso el enunciado facilita el valor de la presión intersticial en ese momento. La carga total allí es igual a 20kPa. Como el incremento de presión intersticial es igual a 20kPa, resultaría que el incremento de tensión vertical efectiva en ese momento es igual a la tensión total menos la tensión vertical efectiva (20 – 10kPa).

$$\sigma'_{v,A} = 36,5 \text{ kPa} \qquad U_{e,A} = 10 \text{ kPa}$$

$$\sigma'_{v,B} = 53,5 \text{ kPa} \qquad U_{e,B} = 10 \text{ kPa}$$

A partir de estos datos es posible determinar el factor tiempo y, por tanto, el grado de consolidación del estrato. Al ser una roca fracturada se puede considerar que es un estrato permeable. Por tanto, se considera la isócrona completa. Se ha de buscar una isócrona que, a una profundidad de 0,25 del espesor total el valor desde el límite vertical izquierdo a la isócrona se iguala a la distancia entre la isócrona y el límite vertical de la derecha.

$$\frac{U_e}{\Delta_\sigma} = 0,5$$

$$T_v = 0,24$$

$$U = 0,55$$

(iv) largo plazo (Δ_σ = 20 kpa)

A largo plazo toda la carga se transmite al terreno. Por tanto, la tensión efectiva inicial a largo plazo sería la inicial más el incremento de carga

$$\sigma'_{v,A} = 26,5 + 20 = 46,5 \text{ kPa}$$

$$\sigma'_{v,B} = 43,5 + 20 = 63,5 \text{ kPa}$$

Para calcular el asiento a los tres meses se parte de que el grado de consolidación es igual al 55%. Conocido ese valor es inmediato determinar el siento a largo plazo (cuando se ha disipado el exceso de presión intersticial, es decir, con una consolidación del 100%) que a los 3meses es de 2,2 cm.

$$\Delta s_{3\ meses} = U \cdot \Delta s_{00}$$

$$\Delta s_{100} = \frac{2,2\ cm}{0,55} = 4 \text{ cm}$$

Conocido el asiento a largo plazo y la carga aplicada se puede obtener el módulo edométrico del terreno

$$E_m = \frac{20\ \text{kPa}}{4/400} = 2 \text{ MPa}$$

El grado de consolidación se obtiene a partir del factor de tiempo ($T_v = 0,24$), el tiempo es de 3meses y el espesor de 2m (la mitad del estrato) al ser tanto el límite superior e inferior permeables.

$$C_v = \frac{0,24 \cdot (2\ m)^3}{3\ meses} = 0,32 \text{ m}^2/\text{mes}$$

El coeficiente de permeabilidad se puede obtener a partir del módulo edométrico y del coeficiente de consolidación vertical

$$K = \frac{C_v \cdot \gamma_w}{E} = 0,32\ m^2/mes \cdot \frac{2\ \text{MN/m}^2}{10000\ \text{N/m}^3} = 64 \text{ m/mes}$$

3. Descarga → Entumece = ¼ Asiento (64 m/mes = 2,5·10³ cm/s)

El asiento si se retirase la carga aplicada se puede obtener conociendo la relación entre el módulo de deformación en carga noval y en recarga.

La relación es de 4 y el entumecimiento es ¼ del asiento con carga noval.

$$\Delta s_{oo} = ¾ \cdot 2,2 = 1,65 \text{ cm}$$

EJERCICIO 4.5

Sobre un terreno con el perfil estratigráfico y propiedades de la figura, se va a rellenar, rápidamente, con tres metros (3 m) de material granular. Las propiedades del relleno, una vez colocado, son $\gamma_{ap} = 20$ kN/m^3. El nivel freático está en la superficie del terreno original.

Una vez ejecutado el relleno, la monitorización realizada indica que las arenas sufren un asiento a largo plazo de 0,5 cm, y que la Arcilla 1 tardó un año en alcanzar el 50% de su acortamiento a largo plazo asociado a esta carga.

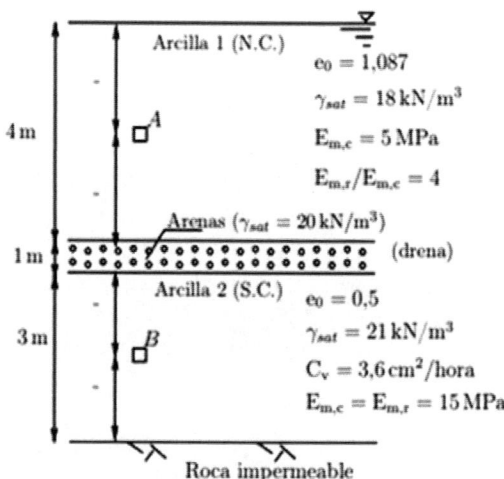

Se pide:

1. Calcular la permeabilidad de la Arcilla 1.

2. Calcular la presión total, neutra y efectiva en los puntos A y B, en las siguientes situaciones:

    (i) justo después de rellenar;

    (ii) un año después de rellenar; y

    (iii) a largo plazo.

3. Calcular el asiento de la superficie del terreno original debido al relleno en las siguientes situaciones:

    (i) a largo plazo; y

    (ii) un año después de rellenar.

4. Un año después del relleno se retiran, rápidamente, 2 m de tierras. Calcular el acortamiento (o entumecimiento) adicional, a largo plazo y desde la descarga, que sufren las dos capas de arcilla.

Nota. Puede suponerse que $\gamma_w = 10$ kN/m^3.

Solución

1. Para el cálculo del coeficiente de permeabilidad se conoce la siguiente expresión en función del módulo edométrico (E_m) y del coeficiente de consolidación vertical (C_v):

$$C_v = \frac{k \cdot E_m}{\gamma_w} \cdot d$$

Según el enunciado en la arcilla 1 el grado de consolidación cuando ha transcurrido 1 año es del 50%. Por tanto,

$$1 \text{ año} \rightarrow U = 0,5 \leftrightarrow T_v = 0,196$$

Como la arcilla drena por la cara superior y la inferior, el valor de H será igual 2 m (la mitad del espesor del estrato). Y es inmediato estimar el coeficiente de consolidación vertical C_v.

$$T_v = \frac{C_v \cdot t}{H^2}$$

$$C_v = \frac{T_v \cdot H^2}{t} = \frac{0,196 \, (2 \text{ m})^2}{1 \text{ año}} = 0,784 \text{ m}^2/\text{año}$$

Finalmente se obtiene el coeficiente de permeabilidad de la arcilla

$$C_v = \frac{k \cdot E_m}{\gamma_w}$$

$$k = \frac{C_v \cdot \gamma_w}{E_{m,c}} = \frac{0,784 \text{ m}^2/\text{año} \cdot 1 \text{ ton/m}^3}{500 \text{ ton/m}^2} =$$

$$= 0,0016 \text{ m}^2/\text{año} \cong 5 \cdot 10^{-9} \text{ cm/s}$$

2. Las tensiones iniciales corresponden a la situación geostática e hidrostática.

$$\sigma_A = 18 \times 2 = 36 \text{ kPa}$$

$$u_A = 10 \times 2 = 20 \text{ kPa}$$

$$\sigma'_A = \sigma_A - u_A = 36 - 20 = 16$$

$$\sigma_B = 18 \times 4 + 20 \times 1 + 21 \times 1,5 = 123,5 \text{ kPa}$$

$$u_b = 10 \times 6,5 = 65 \text{ kPa}$$

$$\sigma'_B = \sigma_B - u_b = 123,5 - 65 = 58,5$$

Cuando se aplica una carga en un terreno *cohesivo saturado*, inmediatamente después, todo el incremento de tensión total se *transforma* en incremento de presión intersticial. La tensión efectiva no varía.

En este caso el incremento de carga es producido por un relleno de 3 m de espesor. Como el peso específico aparente es $\gamma_{ap} = 20$ kN/m^3, la carga será de:

$$3 \times 20 = 60 \text{ kPa}$$

$$\sigma_A = 36 + 60 = 96 \text{ kPa}$$

$$u_A = 20 + 60 = 80 \text{ kPa}$$

$$\sigma'_A = \sigma_A - u_A = 96 - 80 = 16$$

$$\sigma_B = 123,5 + 60 = 183,5 \text{ kPa}$$

$$u_B = 65 + 60 = 125 \text{ kPa}$$

$$\sigma'_B = \sigma_B - u_B = 183,5 - 125 = 585$$

Cuando ha pasado 1 año se ha producido una disipación parcial de las presiones intersticiales. En el caso de la arcilla, como existen dos estratos drenantes se debe considerar la isócrona completa. En el caso de la arcilla 2, el estrato inferior es impermeable. Por lo tanto, sólo se considera la mitad de la isócrona.

En el punto A de la Arcilla 1, para la Arcilla 1 el enunciado indicaba que el grado de consolidación al año era del 50%. Por tanto, el factor tiempo sería igual a $T_v = 0,196$.

Midiendo en el isócrona, como el punto A está situado en la mitad del estrato se estima que de la carga total es del 21,5%, que se ha *transformado* en tensión efectiva. Y el resto $(100 - 21,5 = 78,5\%)$ es exceso de presión intersticial.

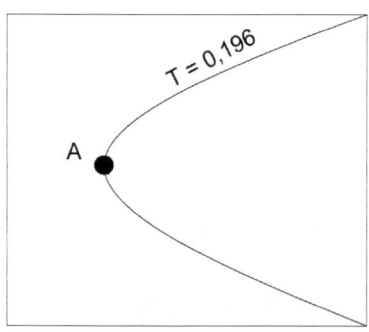

$$\frac{\Delta\sigma'}{\Delta\sigma} \approx 0{,}215$$

$$\Delta\sigma' = 0{,}215 \times 60 = 12{,}9 \text{ kPa}$$

$$u_e = 60 - 12{,}9 = 47{,}1 \text{ kPa}$$

En el punto B de la Arcilla 2 hay que calcular, en primer lugar, el factor tiempo T_v

$$\text{Arcilla 2} \rightarrow T_v = \frac{3{,}6 \text{ cm}^2/\text{hora} \cdot 365 \text{ d } \frac{24 \text{ h}}{1 \text{ d}}}{(300 \text{ cm})^2} = 0{,}35$$

Como en este caso sólo hay que considerar la mitad de la isócrona el punto B está situado en la mitad del estrato, tal como se indica en el esquema adjunto. Se estima que de la carga total es del 61 %, que se ha *transformado* en tensión efectiva. Y el resto (100 − 61 = 39%) es exceso de presión intersticial

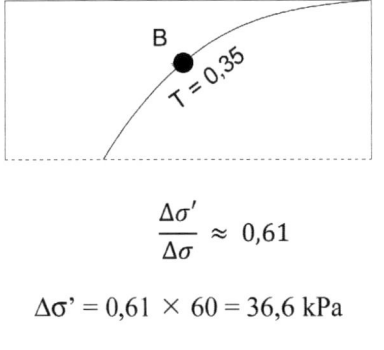

$$\frac{\Delta\sigma'}{\Delta\sigma} \approx 0{,}61$$

$$\Delta\sigma' = 0{,}61 \times 60 = 36{,}6 \text{ kPa}$$

$$u_e = 60 - 36{,}6 = 23{,}4 \text{ kPa}$$

A continuación se resumen las tensiones en los puntos A y B para las distintas etapas analizadas

		Antes del relleno	+ 60 kPa Sobrecarga (→)	Justo después	a t = 1 año	a t → ∞
	σ	36		96	96	96
A	u	20		80	67,1	20
	σ'	16		16	28,9	76
	σ	123,5		183,5	183,5	183,5
B	u	65		125	88,4	65
	σ'	58,5		58,5	95,1	118,5

3. En primer lugar, se calcula el **asiento a largo plazo**.

- Arcilla 1.

  Se obtiene a partir del dato del módulo edométrico.

$$\Delta s_1 = \frac{\text{Incremento de carga}}{\text{Módulo edométrico}} \cdot \text{espesor estrato} = \frac{60 \text{ kPa}}{5000 \text{ kPa}} \cdot 400 \text{ cm} = 4{,}8 \text{ cm}$$

- Arena

  El asiento a largo plazo de la arena es un dato del enunciado

$$\Delta s_{\text{arena}} = 0{,}5 \text{ cm}$$

- Arcilla 2

$$\Delta s_2 = \frac{\text{Incremento de carga}}{\text{Módulo edométrico}} \cdot \text{espesor estrato} = \frac{60 \text{ kPa}}{15000 \text{ kPa}} \cdot 300 \text{ cm} = 1{,}2 \text{ cm}$$

Resultando un asiento total de:

$$4{,}8 + 0{,}5 + 1{,}5 = 6{,}5 \text{ cm}$$

Asiento 1 año después

El asiento que se ha producido en las arcillas es función del grado de consolidación.

- Arcilla 1. Se ha alcanzado el 50% del grado de consolidación, es decir, se ha producido el 50% del asiento

  $U = 0{,}5$

$$\Delta s_1 = 2{,}4 \text{ cm}$$

- Arena (en las arenas se puede considerar que el asiento es inmediato)

  $U = 1$

$$\Delta s_{\text{arena}} = 0{,}5 \text{ cm}$$

- Arcilla 2. Se ha alcanzado el 66% del grado de consolidación, es decir, se ha producido el 66% de asiento

  $T = 0{,}35$

  $U = 0{,}66$

$$\Delta s_2 (1a) = 0{,}66 \cdot 1{,}2 = 0{,}79 \text{ cm}$$

Luego el asiento cuando ha transcurrido un año es:

$$2,4 + 0,5 + 0,79 = 3,7 \text{ cm}$$

4. Descarga

La descarga, en este caso es de 2 m. Es decir, se retira una carga de 2 m $\times$ 20 kN/m^3 = 40 kPa. Por eso se traza, una vertical desplazada 40 kPa tal como se puede ver en la figura adjunta. Como se puede ver, la línea vertical *corta* a la isócrona.

Cuando se descarga un estrato arcilloso en el que se ha producido parcialmente la consolidación y la línea de descarga corta a la isócrona, existirá una zona del estrato que entumecerá (A −) y otra parte que proseguirá el proceso de consolidación (A +).

Luego es necesario obtener ambas áreas realizando la hipótesis de que la isócrona es una parábola.

• Arcilla 1

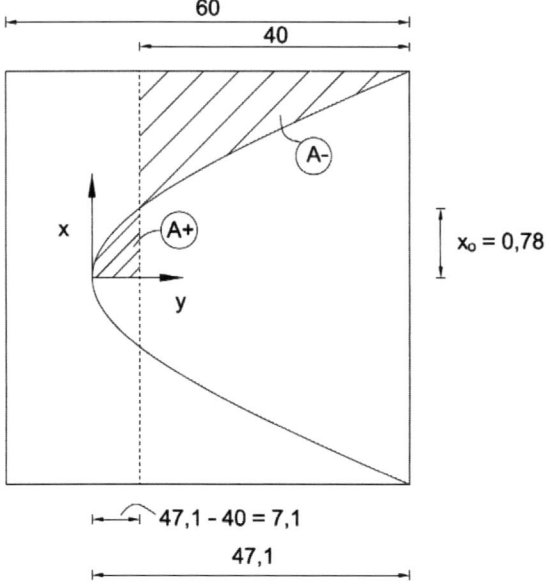

En primer lugar, se obtiene la ecuación de la parábola

$$y = a \cdot x^2$$

Con los ejes considerados en la figura, la parábola pasa por el punto (x = 2 m; y = 47,1) por lo que es posible calcular el parámetro de la parábola *a*.

$$\frac{47,1}{4} = 11,775$$

A continuación, se obtiene el punto de la parábola con el corte de la carga vertical.

$$7,1 = a \cdot x_o^2 \quad \rightarrow \quad x_o = 0,78$$

En las siguientes líneas se indica cómo obtener el área. El área A + corresponde al asiento.

$$\overbrace{\phantom{\frac{2/_3 \cdot 7,1 \text{ kPa} \cdot 0,78 \text{ m}}{5000 \text{ kPa}}}}^{A^+}$$

$$A^+ = 2 \cdot \frac{{}^2/_3 \cdot 7,1 \text{ kPa} \cdot 0,78 \text{ m}}{5000 \text{ kPa}} = 0,15 \text{ cm } (\downarrow)$$

$$A^- = (40 \cdot 2 - {}^2/_3 \cdot 47,1 \cdot 2 + {}^2/_3 \cdot 7,1 \cdot 0,78) = 20,95$$

El área A– se refiere al entumecimiento. Por eso el módulo que es necesario emplear es el de recarga.

$$s^- = 2 \cdot \frac{A^-}{20000 \text{ kPa}} = 0,21 \text{ cm } (\uparrow)$$

Resultaría un entumecimiento de s = 0,06 cm.

- Arcilla 2

En este caso la descarga *sobrepasa* la isócrona por lo que se producirá sólo entumecimiento de este estrato.

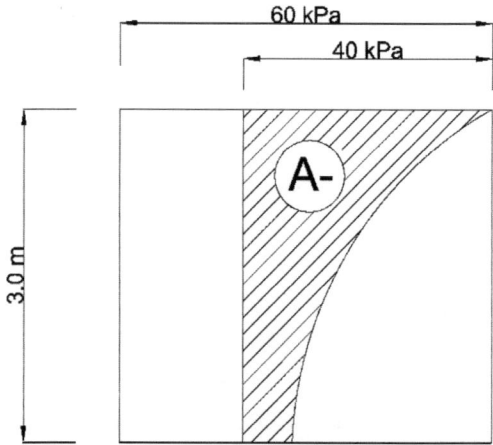

El grado de consolidación es U = 66%. De esta manera es posible conoce el área de consolidación del terreno en el momento de retirar parte de la carga.

$$U = \frac{\boxed{A\!\!\!\diagup}}{\boxed{}} \quad \rightarrow \quad \boxed{A\!\!\!\diagup} = U \cdot \boxed{} \quad \rightarrow \quad \boxed{A\!\!\!\diagup} = 0{,}66 \cdot 3 \cdot 60 = 120$$

El área que había consolidado en ese instante sería

$$A_c = 120$$

$$A{-} = A_c - 3 \cdot 20 = 60 \quad (1/2 \text{ de } A_c)$$

Como

$$E_{m,c} = E_{m,d}$$

$$s^- (\uparrow) = \frac{1}{2} \, \Delta s_{1 \text{ año}} \cong 0{,}4 \text{ cm}$$

EJERCICIO 4.6

Sobre un terreno con el perfil estratigráfico y propiedades que se indican en la figura (puede asumirse que las propiedades son representativas de todo el estrato) se va a construir, rápidamente, un relleno extenso que supone una sobrecarga de 80 kPa. El nivel freático se encuentra en el contacto entre las arenas y las arcillas.

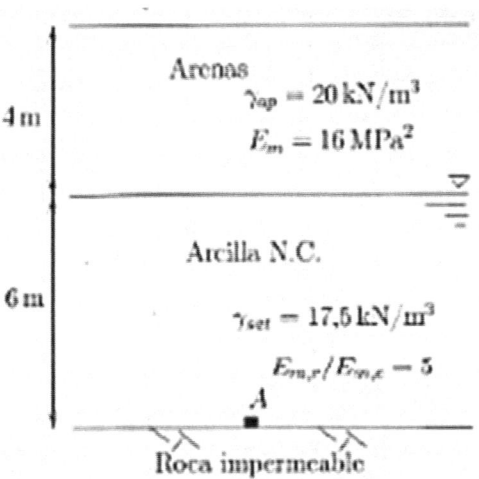

Arenas
$\gamma_{ap} = 20 \, kN/m^3$
$E_m = 16 \, MPa^2$

4 m

Arcilla N.C.

6 m

$\gamma_{sat} = 17{,}5 \, kN/m^3$

$E_{m,r}/E_{m,c} = 5$

A

Roca impermeable

Se pide:

1. Calcular la presión total, neutra y efectiva en el punto A, en las siguientes situaciones:

    (i) en la situación inicial,

    (ii) justo después de la sobrecarga de 80 kPa; y

    (iii) a largo plazo.

2. Se sabe que, tres meses después de haber colocado la sobrecarga, el asiento en superficie ha sido de 6,4 cm, y que en ese momento la presión neutra en exceso en el Punto A es $u_a = 68,8$ kPa, calcular

    a) El asiento total a largo plazo y el módulo edométrico equivalente de la capa de arcilla para esta sobrecarga.

    b) El acortamiento, a largo plazo, que sufrirá la capa de arcilla si la sobrecarga se retira rápidamente 1 año después de su aplicación.

Nota. Puede suponerse en los cálculos que $\gamma_w = 10$ kN/m^3 y que las isócronas son parábolas.

Solución

1.

(i) Antes de colocar la sobrecarga

La condición sería la geostática y la hidroestática.

$$\sigma = 20 \times 4 + 17,5 \times 6 = 185 \text{ kPa}$$

$$u = 10 \times 6 = 60 \text{ kPa}$$

$$\sigma' = \sigma - u = 185 - 60 = 125 \text{ kPa}$$

	σ	u	σ'
Antes	185	60	125
Justo después	265	140	125
Largo Plazo	265	60	205

(ii) Justo después

Cuando se aplica una carga en un terreno cohesivo saturado, inmediatamente después, todo el incremento de tensión total se *transforma* en incremento de presión intersticial. La tensión efectiva no varía. En este caso el incremento de carga es de 80 kPa.

$$\sigma = 185 + 80 = 265 \text{ kPa}$$

$$u = 60 + 80 = 140 \text{ kPa}$$

$$\sigma' = \sigma - u = 265 - 140 = 125 \text{ kPa}$$

(iii) A largo plazo

Todo el exceso de presión intersticial se ha disipado y, por tanto, toda la sobrecarga aplicada se ha transmitido al terreno (se incrementa la tensión efectiva en el valor de la sobrecarga aplicada:

$$\sigma = 185 + 80 = 265 \text{ kPa}$$

$$u = 60 \text{ kPa}$$

$$\sigma' = \sigma - u = 265 - 60 = 205 \text{ kPa}$$

2.

a) Asiento a 3 meses

- Arenas: el asiento se puede considerar *instantáneo* conociendo el módulo edométrico (es un dato del enunciado)

$$\Delta s = \frac{80 \text{ kPa}}{16000 \text{ kPa}} \cdot 400 \text{ cm} = 2 \text{ cm}$$

- Arcillas: a los tres meses se habrá producido un cierto asiento debido a la consolidación del estrato de arcilla. Como el enunciado indica el valor del asiento a los 3 meses (6,4 cm) es posible obtener el asiento de la capa de arcilla si se resta el de la arena.

$$\Delta s_{arc \ 3 \ m} = 6,4 - 2 = 4,4 \text{ cm}$$

A continuación, se obtiene cual es la isócrona existente a los tres meses de consolidación. Como el límite inferior es impermeable se debe considerar sólo la mitad de la isócrona.

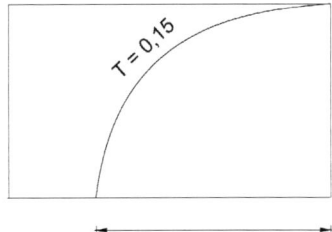

El enunciado indica que la presión intersticial a los 3 meses en el punto A es 68,8 kPa (es la presión que quedaría por disipar todavía).

Grado de consolidación que falta por producirse: $\dfrac{68,8}{80} = 0,86$

A partir de ese valor, midiendo en la isócrona es posible conocer el factor de tiempo T_v

$$T_v = 0,15$$

Por tanto, el grado de consolidación será:

$$U_{3m} = \sqrt{\dfrac{4}{\pi} T_v} = 0,44$$

Conocido que el grado de consolidación es del 44% y, como se sabe, el asiento en ese momento, es inmediato obtener el asiento

$$\Delta s_{arc\,3m} = \Delta s_{arc\,\infty} \cdot U_{3\,m}$$

$$\Delta s_{arc\,\infty} = 10\ cm$$

Conocido el asiento a largo plazo, es posible calcular el módulo edométrico.

$$\Delta s_\infty = \dfrac{80}{E_{m,c}} \cdot 600\ cm = 10\ cm$$

$$E_{m,c} = 4,8 \cdot 10^3\ kPa = 4,8\ MPa$$

b) Al año se retira la sobrecarga

En primer lugar, se debe conocer la isócrona después de 1 año. El factor tiempo pasado 1 año seria 4 veces el correspondiente al valor de los 3 meses.

$$T_{1\,año} = 4\ T_{3\,m} = 0,60$$

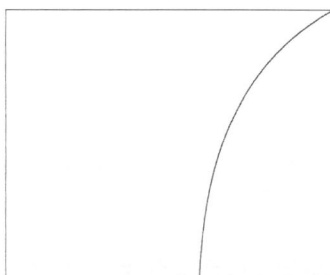

A partir de la isócrona, es posible estimar el exceso de presión intersticial que todavía debería disiparse (se mide en el límite inferior de la isócrona; es la distancia entre la isócrona y la vertical que es el final del proceso de consolidación

$$u_{e,c} \cong 0,29 \cdot 80 = 23,2 \text{ kPa}$$

Para calcular el asiento tras retirar la sobrecarga, en primer lugar, se estima el acortamiento del estrato de arcilla al año de colocada la carga. A partir del factor de tiempo es posible obtener el grado de consolidación de la muestra. De esta manera se puede obtener el asiento producido transcurrido un año (es el asiento correspondiente a un grado de consolidación de 81,6%).

$$T_v = 0,60$$

$$T_v = 0,9332 \log_{10}(1 - U) - 0,0851$$

$$U = 0,816$$

$$\Delta h_{\text{arc 1 año}} = 10 \text{ cm} \cdot 0,816 = 8,16 \text{ cm}$$

En el proceso de descarga el terreno entumece. Para su estimación, al área total (carga × espesor) se le resta el área de la sobrecarga. El módulo en descarga (recarga) es 5 veces el de la carga noval:

$$\text{Entumecimiento} = \frac{1}{4 \cdot 4800} \left(\frac{80 \text{ kPa} \cdot 600 \text{ cm}}{4 \cdot 4800} - \frac{2}{3} \cdot 23,2 \cdot 600 \text{ cm} \right) = 2 \text{ cm}$$

Asiento (acortamiento) remanente de la arcilla será el asiento final menos el entumecimiento que se producirá al descargar el terreno

$$\text{Asiento final} = 8,16 - 2 = 6,16 \text{ m}$$

EJERCICIO 4.7

En una zona de ribera de un río se tiene una formación de arcillas normalmente consolidadas que a techo tiene 3 m de arenas y que apoya sobre una formación rocosa poco fracturada que, a efectos de este análisis, puede considerarse impermeable.

El nivel freático se sitúa en el contacto arena-arcillas, como se puede ver en la figura siguiente.

Las propiedades de la arcilla, que pueden considerarse representativas de todo el estrato, se indican en la Figura. Se pide:

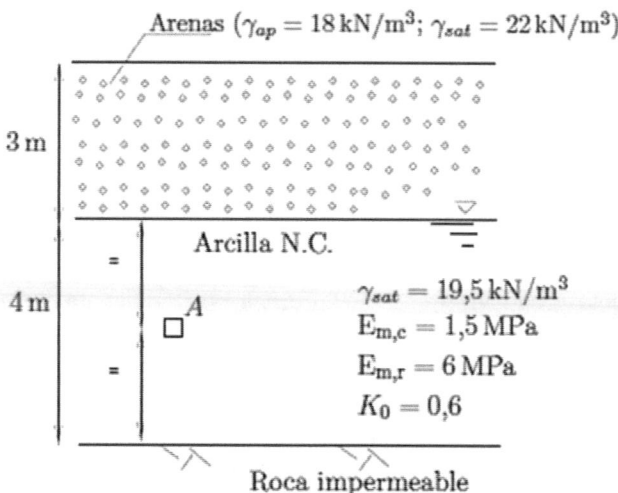

1. Calcular las tensiones horizontales y verticales (totales y efectivas), que actúan en el punto A.

2. Suponga ahora que, debido a unas obras aguas abajo, el nivel freático en esta zona sube hasta alcanzar la superficie del terreno. Calcule las tensiones horizontales y verticales, en totales y efectivas, que actúan en el punto A largo tiempo después de la subida del nivel freático (N.F.).

   Nota: para resolver el resto del ejercicio, suponga la geometría y propiedades originales, sin considerar que se haya producido la variación del, N.F. que se indica aquí.

3. Con objeto de construir un polígono industrial, se realizar un relleno con un total de 3,0 m adicionales de tierras con $\gamma_{ap} = 20 \, kN/m^3$. El relleno se llevó a cabo mediante dos capas de 1,5 m de espesor con un lapso de tiempo entre ellas de 3 meses. Se puede suponer que la ejecución de cada tongada es instantánea. Se pide calcular las tensiones verticales (totales y efectivas) en el punto A, en las siguientes situaciones.

   a) Inmediatamente después de colocar la primera fase de relleno (el primer 1,5 m de tierras).

   b) A largo plazo, es decir, mucho tiempo después de haber colocado la segunda fase de relleno.

   c) Inmediatamente después de colocar la segunda fase del relleno. A estos efectos, se conoce que el acortamiento de la capa de arcillas, medido justo antes de colocar dicha segunda fase del relleno, es de 2 cm.

   d) A los 18 meses de comenzar a rellenar.

4. Calcular el acortamiento final, a largo plazo de las arcillas si a los 18 meses de comenzar a rellenar (o a los 15 meses de la segunda fase) se retira rápidamente 1 m de los 1,5 m de relleno aportados en la segunda fase de relleno.

Nota. Utilizar $\gamma_w = 10$ kN/m^3.

Solución

1. Las tensiones corresponden a la condición geostática (bajo el peso propio) y la condición hidrostática

$$\sigma_v = 18 \cdot 3 + 2 \cdot 19,5 = 93 \text{ kPa}$$

$$u = 20 \text{ kPa}$$

$$\sigma'_v = 18 \cdot 3 + 2 \cdot 9,5 = 73 \text{ kPa}$$

o

$$\sigma'_v = 93 - 20 = 73 \text{ kPa}$$

En el enunciado se indica que el coeficiente de empuje al reposo es 0,6 para un terreno normalmente consolidado. Por tanto, la tensión horizontal efectiva será:

$$\sigma'_h = 0,6 \cdot 73 = 43,8 \text{ kPa}$$

Para calcular la tensión horizontal total se debe añadir la presión intersticial

$$\sigma_h = 43,8 + 20 = 63,8 \text{ kPa}$$

2. Al elevarse el nivel del agua se produce un cambio tensional.

$$\sigma_v = 22 \cdot 3 + 2 \cdot 19,5 = 105 \text{ kPa}$$

$$u = 50 \text{ kPa}$$

$$\sigma'_v = 12 \cdot 3 + 2 \cdot 9,5 = 105 - 55 = 55 \text{ kPa}$$

Al elevarse el nivel del agua el terreno pasa a estar sobreconsolidado. Es decir, la tensión efectiva del terreno ha sido mayor que la tensión efectiva del terreno en este momento.

En primer lugar, se calcula el grado de sobreconsolidación del terreno (OCR):

$$\text{OCR} = \frac{\sigma'_{v,max}}{\sigma'_{v,hoy}} = \frac{73}{55} = 1,33$$

Conocido el grado de sobreconsolidación es puede obtener el coeficiente de sobreconsolidación del terreno mediante la siguiente expresión:

$$k_{o,SC} = k_{o,NC} \cdot OCR^{0,5} = 0,7$$

Conocido el coeficiente al reposo sobreconsolidado se puede calcular la tensión efectiva horizontal

$$\sigma'_h = 0,7 \cdot 55 = 38 \text{ kPa}$$

Como se conoce la presión intersticial es posible obtener la presión total horizontal.

La presión intersticial es 50 kPa

$$u = 50 \text{ kPa}$$

Y la presión total horizontal total es

$$\sigma_h = 38 + 50 = 88 \text{ kPa}$$

3. El relleno se coloca en dos etapas de 1,5 m de altura. La diferencia temporal entre ambas etapas es de 3 meses.

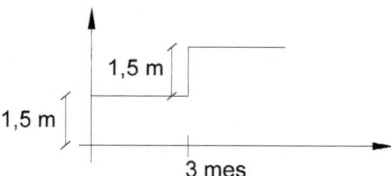

a) El incremento de carga de la primera parte es:

$$\Delta\sigma_1 = 1,5 \cdot 20 = 30 \text{ kPa}$$

Inmediatamente después de colocar la primera fase de la carga, el incremento de carga se *convierte* en presión intersticial

$$\sigma_v = 93 + 30 = 123 \text{ kPa}$$

$$u = 20 + 30 = 50 \text{ kPa}$$

$$\sigma'_v = 73 \text{ kPa}$$

b) A largo plazo el incremento tensional es el peso total de carga,

$$\Delta\sigma = 3 \cdot 20 = 60 \text{ kPa}$$

$$\sigma_v = 93 + 60 = 153 \text{ kPa}$$

$$u = 20 \text{ kPa}$$

$$\sigma'_v = 153 - 20 = 133 \text{ kPa}$$

c) Justo después colocar la segunda fase, se ha producido una consolidación parcial de la carga aplicada en la primera etapa.

A continuación, se explica cómo obtener el grado de consolidación a los tres meses.

Para ello se calcula el asiento a largo plazo (una vez consolidado completamente el terreno)

$$\Delta s_{1,00} = \frac{30}{1500} \cdot 400 \text{ cm} = 8 \text{ cm}$$

Comparando el asiento a los 3 meses con el asiento total a largo plazo se obtiene el grado de consolidación.

$$U = \frac{2}{8} = 25\%$$

A partir de ese grado de consolidación se obtiene el factor tiempo:

$$T_v = 0,05$$

Mirando en la isócrona, en el punto A el valor de la tensión vertical efectiva (se habría transmitido un 12% o, lo que es lo mismo, la presión intersticial es el 88%) será:

Incremento de la presión efectiva total

$$\Delta\sigma' = 0,12 \cdot 30 = 3,6 \text{ kPa}$$

El exceso de presión intersticial al cabo de un mes será:

$$u_e = 0,88 \cdot 30 = 26,4 \text{ kPa}$$

La tensión total vertical más la sobrecarga (en las dos etapas, $30 + 30 = 60$ kPa) será:

$$\sigma_v = 93 + 30 + 30 = 153 \text{ kPa}$$

La presión intersticial es la presión hidrostática a la que se debe sumar la presión intersticial inicial, el exceso que existe tras pasar un mes desde la colocación de la primera etapa de consolidación (26,4 kPa), y los 30 kPa del exceso de presión generada por la segunda atapa de carga (30 kPa)

$$u = 20 + 26,4 + 30 = 76,4 \text{ kPa}$$

La tensión efectiva será la que había inicialmente más la que se ha transmitido al terreno por la aplicación de la primera etapa de la carga (a los 3 meses sería de 3,6 kPa) será:

$$\sigma'_v = 73 + 3,6 = 76,6 \text{ kPa}$$

3 mes   15 mes

d) A los 18 meses de colocar el primer relleno

Habría que calcular la tensión vertical efectiva. Para ello es necesario conocer el grado de consolidación tanto para la primera etapa de la carga como la segunda:

- Cálculo del factor tiempo a los 18 meses (6 × el factor tiempo a los 3 meses):

$$T_{18 m} = 6 \cdot T_{3 m} = 6 \cdot 0,05 = 0,3$$

$$U = 0,613$$

- Cálculo del factor tiempo a los 15 meses (5 × el factor tiempo a los 3 meses):

$$T_{15 m} = 5 \cdot T_{3 m} = 5 \cdot 0,05 = 0,25$$

$$U = 0,56$$

El asiento a los 18 meses se puede calcular sabiendo el grado de consolidación y una vez conocido es inmediato obtener el asiento

$$\Delta s_{18 m} = 0,613 \cdot 8 \text{ cm} + 0,56 \cdot 8 \text{ cm} = 9,4 \text{ cm}$$

d) Se retira 1 m del terreno 2 (el que se colocó a los 3 meses).

1ª Tongada → 1 asiento a largo plazo de la primera tongada es igual 8 cm.

2ª Tongada → Tendrá una situación de descarga parcial.

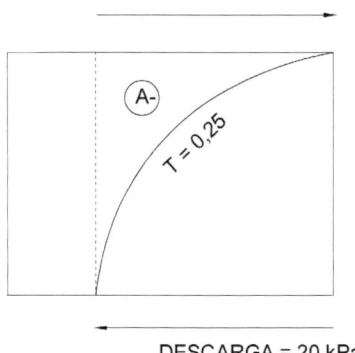

CARGA = 30 kPa

A-

$T = 0,25$

DESCARGA = 20 kPa

4. Al retirar la carga, parte del estrato entumece (la zona superficial)

El estrato asienta a los 15 meses: $0,56 \cdot 8 = 4,48$ cm.

Y parte del estrato entumece (el área externa a la isócrona, que en la figura se indica como A$^-$ (se considera que la isócrona es una parábola:

$$S \uparrow = \frac{A^-}{E_{m,v}} = -\frac{\frac{1}{3} \cdot \frac{2}{3} \cdot 30 \text{ kPa} \cdot 400 \text{ cm}}{6000 \text{ kPa}} = -0,44 \text{ cm}$$

Luego el asiento total será igual a la suma de los asientos que se acaban de calcular

$$\Delta s = 8 + 4,48 - 0,44 \cong 12 \text{ cm}$$

EJERCICIO 4.8

En la dársena de un puerto cuyo perfil se muestra en la figura se ha dragado *rápidamente* una zona extensa. Como resultado del dragado, la monitorización realizada en una zona de pruebas ha mostrado que la capa de 10 m de arcillas sufre un entumecimiento al mes de dragar igual al 25% del correspondiente a la situación a largo plazo.

Las propiedades de la arcilla, que pueden considerarse representativas de todo el estrato, se indican en la figura.

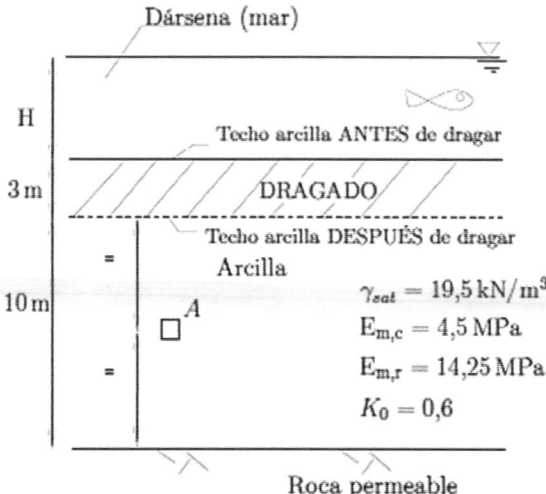

Se pide:

1. Calcular la tensión vertical efectiva en el punto A en las siguientes situaciones:

    a) Inmediatamente después de dragar.

    b) Al mes y a los cuatro meses de dragar.

    c) A largo plazo, o mucho tiempo después de haber dragado.

2. El entumecimiento o acortamiento de la arcilla a largo plazo.

3. Calcular el coeficiente de consolidación aplicable a la arcilla para el proceso de descarga sufrido

4. El índice de huecos con el que queda colocada la escollera.

5. Cuatro meses después de dragar el terreno se produce un vertido de 1 m de escollera que tiene los siguientes parámetros geotécnicos: $\gamma_{sat} = 20$ kN/m³ y $G_s = 2,4$. Se pide calcular El entumecimiento o acortamiento final, a largo plazo, de la capa de arcilla.

Nota. Use $\gamma_w = 10$ kN/m³ y desprecie el posible efecto de las mareas.

Solución

1. Tensión vertical efectiva inicial, antes de realizar el dragado

$$\sigma'_{A,antes} = (3 + 5)\, 9,5 = 76 \text{ kPa}$$

El dragado del terreno produce una descarga del mismo. Como el peso específico saturado de la arcilla es 19,5 kN/m³ el decremento de carga es igual a:

$$\Delta\sigma = 3\,(10 - 19,5) = -28,5 \text{ kPa}$$

Inmediatamente despés de dragar no hay variación de la tensión efectiva

$$\sigma'_{A, t=0} = \text{No varía} = 76 \text{ kPa}$$

A largo plazo, una vez que sea producido la reducción de la tensión efectiva

$$\sigma'_{A, t=\infty} = 76 - 28,5 = 47,5 \text{ kPa}$$

En tiempos intermedios, las tensiones dependerán del proceso de consolidación

Al mes de dragado el terreno, el enunciado dice que hay un entumecimiento del 25% del valor toral. Es decir, el grado de consolidación es del 25%

$$U_{1 \text{ mes}} = 0,25$$

Como $U^2 = 4/\pi \, T_v$ el factor tiempo es T_v

$$T_{v, 1 \text{ mes}} = 0,05$$

A los 4 meses el factor tiempo será 4 veces el que existe al mes:

Para 4 meses
$$T_{v, 4 \text{ meses}} = 0,05 \cdot 4 = 0,2$$

Como tanto el límite inferior como superior del estrato son permeables, será necesario considerar la isócrona completa. En el eje de la isócrona (cota media del estrato) se deberá medir el incremento de tensión efectiva para los dos factores tiempo

Por tanto, la tensión efectiva será igual a:

Pasado 1 mes:

$$\Delta\sigma'_{1 \text{ mes}} = 0$$
$$\sigma'_{A, 1\text{mes}} = 76 \text{ kPa}$$

Pasado 4 meses:

$$\Delta\sigma'_{4 \text{ meses}} = 0,23 \, (-28,5) = -6,5 \text{ kPa}$$

$$\sigma'_{A, 4 \text{ meses}} = 76 - 6,5 = 70 \text{ kPa}$$

2. Debido a la descarga se produce un entumecimiento del estrato cuyo valor se puede calcular a partir del módulo edométrico

$$\Delta s \, (\uparrow) = \frac{\Delta\sigma}{E_{m,descarga}} \cdot H = \frac{28,5 \text{ kPa}}{14.250 \text{ kPa}} \cdot 1000 = 2 \text{ cm}$$

3. El coeficiente de consolidación vertical se puede obtener a partir del dato que ya se conoce, que al mes el factor tiempo T_v es igual a 0,05

$$C_v = \frac{T_v \cdot H^2}{t} = \frac{0,05 \; (5 \text{ m})^2}{1 \text{ mes}} = 1,25 \text{ m}^2/\text{mes}$$

$$C_v = 4,82 \cdot 10^{-3} \text{ cm}^2/\text{s}$$

4. Como se conoce el peso específico saturado del terreno y, además, se indica que el peso específico relativo de las partículas G_s es igual a 2,4, se puede obtener el índice de huecos de la escollera.

$$\gamma_{sat} = \frac{1 \cdot 2,4 \cdot 10 + e \cdot 10}{1 + e} = 20$$

$$e = 0,4$$

5. A los 4 meses del dragado se produce recarga parcial de un metro de espesor. El incremento de carga será igual a la presión efectiva producida por la escollera en el techo de la arcilla

$$\Delta \sigma = (20 - 10) \cdot 1 = 10 \text{ kPa}$$

La descarga parcial se representa en la isócrona como una paralela trasladada con un valor de 10 kPa (el valor de la recarga).

A partir del esquema adjunto y considerando que la isócrona es una parábola de segundo grado, se resuelve la cuestión planteada.

En la figura sólo se ha representado la mitad de la isócrona. Para obtener el asiento es necesario considerar la isócrona completa (es decir, hay que multiplicar por 2 las tensiones aplicadas).

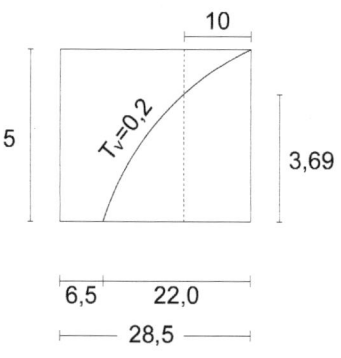

En primer lugar, se obtiene la ecuación de la parábola: $y = a \, x^2$.

Un punto de la parábola es el 22,5. Luego el parámetro a es igual a:

$$22 = a \cdot 5^2$$

$$a = 0,88$$

A continuación, se obtiene el punto de intersección entre la isócrona y la línea que representa la recarga

$$12 = 0,88 \, X_o^2$$

$$X_o^2 = 3,69$$

El entumecimiento que se producirá será igual al que se ha producido hasta ese instante (figura 1), más el que se producirá a pesar de la precarga (zona interior de la isócrona hasta la vertical que representa la recarga, ver figura 2), menos el asiento que se producirá en el terreno por la nueva carga aplicada (área comprendida entre la línea vertical que representa la recarga y la isócrona (figura 3).

$2 \times$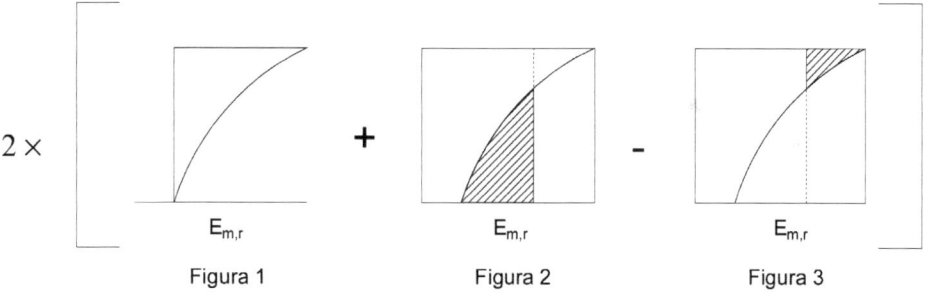

| Figura 1 | Figura 2 | Figura 3 |

- Figura 1. Muestra es el entumecimiento que se ha producido a los 4 meses cuando se coloca la nueva carga

$$T_v = 0,2 \quad \rightarrow \quad U = 0,5 \quad \rightarrow \quad s = 0,5 \text{ cm}$$

- Figura 2. Representa el área de la parábola (aplicando el módulo de deformación en descarga)

$$s = \frac{\dfrac{2}{3} \, (2 \cdot 3,69)}{14.250} = 0,2 \text{ cm}$$

- Figura 3. Indica el área correspondiente a la recarga será de 10 kPa multiplicado por la mitad del espesor del estrato (5 m), ya que se está realizando el estudio para la mitad del estrato y, posteriormente, se multiplicará por 2.

Para obtener la zona sombreada se debe restar la zona de la parábola que pasa por el punto (22,5) y sumar el área de la parábola que pasa por el punto (12, 3,69).

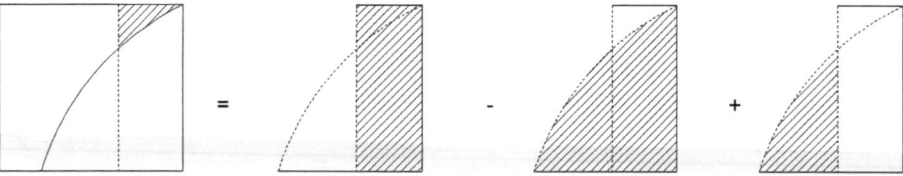

En este caso el asiento se producirá con el módulo en recarga.

$$s = \left[5 \cdot 10 - \frac{2}{3} 22 \cdot 5 + \frac{2}{3} 12 \cdot 3{,}69 \right] \frac{1}{E_{m,r}}$$

$$s = \frac{6{,}23}{14.250} = 0{,}09 \text{ cm}$$

De esta manera, el movimiento final resultará

$$2 \,(0{,}5 + 0{,}2 - 0{,}04) = 1{,}3 \text{ cm}$$

EJERCICIO 4.9

Se pretende usar un terreno como vertedero provisional durante las obras de una carretera. El perfil estratigráfico y las propiedades que pueden asumirse representativas de cada estrato, se indican en la figura 1.a siguiente:

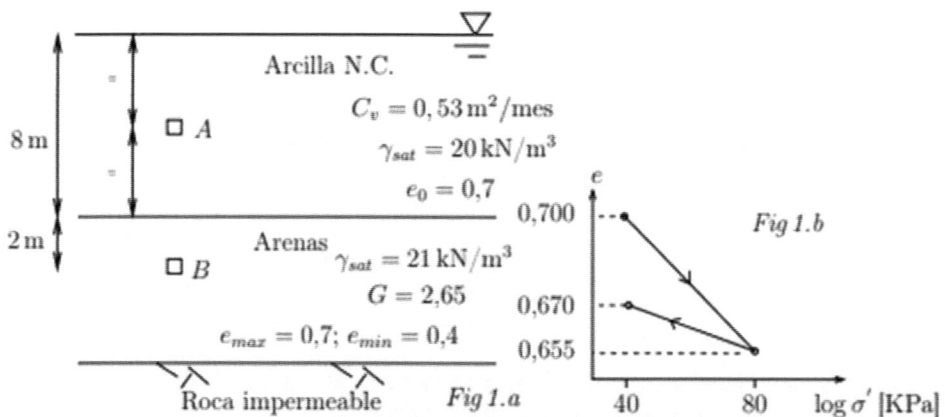

El relleno será ejecutado en dos fases:

- En la primera fase ("relleno 1") se acopiarán rápidamente 1,5 m de material granular con $\gamma_{ap} = 20$ kN/m^3, $G_s = 2,65$ y grado de saturación del 30%.

- La segunda fase ("relleno 2") se ejecuta seis meses después, y se aportan otros 1,5 m del mismo material. El Relleno 2 se retira para su empleo en obra seis meses después de haberlo colocado.

Nota: utilizar $\gamma_w = 10$ kN/m^3):

Se pide

1. Calcular las tensiones efectivas en el punto A en las siguientes situaciones
   a) Antes del relleno.
   b) Justo después de ejecutar el relleno 2.
   c) A largo plazo (o mucho después de retirar el relleno 2).

2. Utilizar la curva edométrica del terreno en el punto A (Fig. 1.b) para calcular el acortamiento de la capa de arcilla justo antes de colocar el relleno 2 (se puede considerar que el punto A es representativo de todo el estrato).

3. La contribución del relleno 2 al acortamiento final, a largo plazo, de la capa de arcilla (puede suponerse, si se necesita, que los módulos edométricos equivalentes del terreno son iguales a los que se obtendrían en el apartado anterior para la sobrecarga producida por el relleno 1).

Solución

1

a) Antes de colocar el relleno

Las tensiones efectivas son las correspondientes a una situación geostática e hidrostática.

$$\sigma'_A = 4 \cdot 10 = 40 \text{ kPa}$$

b) Justo después de efectuar el relleno 2 (a los 6 meses de colocar el relleno 1).

Justo después de colocar el relleno 2, éste no produce incremento de presión intersticial ya que el incremento de carga es transmitido al agua. Sin embargo, sí que es necesario conocer el incremento de presión intersticial producido por el relleno 1 a los 6 meses.

A partir del coeficiente de consolidación se calcula el factor tiempo. Como el límite inferior y superior del estrato es drenante, se debe considerar que el recorrido máximo para el drenaje de la arcilla es la mitad del espesor del estrato (88/2 = 4 m).

$$T_{v,6\text{ meses}} = \frac{C_v \cdot t}{H^2} = \frac{0,53 \frac{\text{m}^2}{\text{mes}} \cdot 6 \text{ meses}}{4^2 \text{ m}^2} = 0,198$$

A partir de la isócrona 0,198 es posible estimar el incremento de la presión intersticial. Como el punto A se sitúa en la mitad del estrato, se debe medir el dato en el eje horizontal de la isócrona

$$\frac{\Delta\sigma'}{\Delta\sigma} \approx 0,23$$

Por tanto, el incremento de presión efectiva es:

$$\sigma'_A = 40 + \frac{\Delta\sigma'}{\Delta\sigma} \cdot 30 = 40 + 0,23 \cdot 30 = 46,9\,\text{kPa}$$

c) A largo plazo, la tensión efectiva se incrementa con la nueva carga colocada (un relleno granular de 1,5 m de espesor y peso específico de 20 kN/m³).

$$\sigma'_A = 40 + 1,5\,\text{m} \cdot 20 = 70\,\text{kPa}$$

2. Para calcular el acortamiento es necesario determinar el índice de compresión. En este caso, la curva es una línea recta por lo que se consideran los puntos (σ, e) siguientes:

$$(40,\ 0,70) \text{ y } (80,\ 0,655)$$

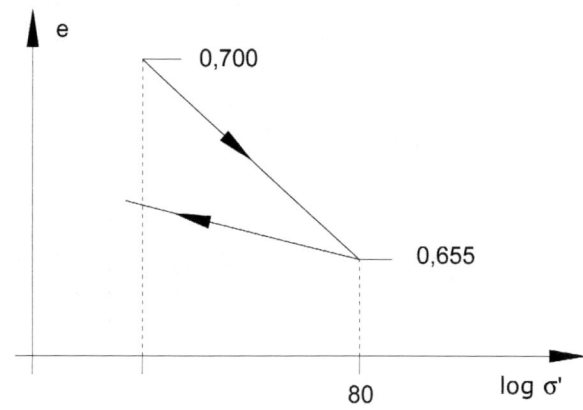

$$(0,700 - 0,655) = C_c \cdot \log_{10}\left(\frac{80}{40}\right)$$

$$C_c = 0,149 \cong 0,15$$

Conocido el coeficiente de compresión es inmediato determinar la variación del incremento de huecos cuando la tensión vertical efectiva crece de 40 kPa a 70 kPa

$$\Delta e_A = 0,15 \cdot \log_{10}\left(\frac{40 + 30}{40}\right) = 0,0364$$

El asiento a largo plazo (será igual a la deformación multiplicado por el espesor del estrato.

$$s_\infty = H \cdot \varepsilon_A = \frac{\Delta e_A}{1 + e_o} = \frac{0,0364}{1,7} \, 800 \text{ cm} = 17,1 \text{ cm}$$

A los 6 meses el asiento se habrá producido solo parte del asiento (el correspondiente al grado de consolidación en ese momento). Conocido el factor tiempo ($T_v = 0,198$) se puede conocer que el grado de consolidación es $U = 0,5$.

$$s_{=6\,m} = U_{6\,m} \cdot \Delta H_\infty = 0,5 \cdot 17,1 = 8,6 \text{ cm}$$

3. El asiento final del estrato

Se debe calcular la contribución al asiento del relleno 2. Para ello podemos aplicar el principio de superposición ya que el relleno 2 se coloca a los 6 meses, pero se retira 6 meses después (es decir, a los 12 meses).

El asiento a largo plazo del relleno 2 será igual al del relleno 2, porque en ambos casos la carga aplicada es la misma (relleno de 1,5 m de altura), es decir, 17,1 cm.

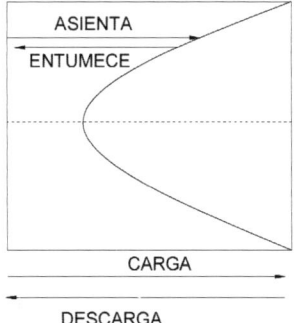

A los 6 meses el factor tiempo es $T_{v,6\,meses} \cong 0,2$, que corresponde a un grado de consolidación, $U \cong 0,5$.

Por tanto, el acortamiento en esos 6 meses en los que está aplicado el relleno 2 será igual a:

$$s = 17,1 \cdot 0,5 = 8,6 \text{ cm}$$

Al retirar la carga, el terreno tiene un entumecimiento. Para ello, se debe calcular el coeficiente de entumecimientos C_s

$$(0,670 - 0,655) = C_s \cdot \log_{10}\left(\frac{80}{40}\right)$$

$$C_s = 0,0498 \cong 0,05$$

Es decir, la relación entre el coeficiente de compresión noval y el coeficiente de compresión de entumecimiento es de 1/3

$$\text{Entumecimiento asiento} \frac{C_v}{C_c} = 8{,}6 \cdot \frac{1}{3} = 2{,}87$$

Luego el movimiento final debido al relleno 2 será igual a:

$$s = 8{,}6 - 2{,}87 = 5{,}73 \text{ cm}$$

EJERCICIO 4.10

Se pretende desarrollar urbanísticamente un terreno con el perfil estratigráfico de la figura, en el que las propiedades indicadas pueden considerarse representativas de cada estrato. El nivel freático está en la superficie del terreno original.

Antes de construir, se rellena con cuatro metros (4 m) de material granular, cuyas propiedades una vez colocado son: $\gamma_{ap} = 20$ kN/m^3, $S_r = 60\%$ y $G_s = 2{,}6$.

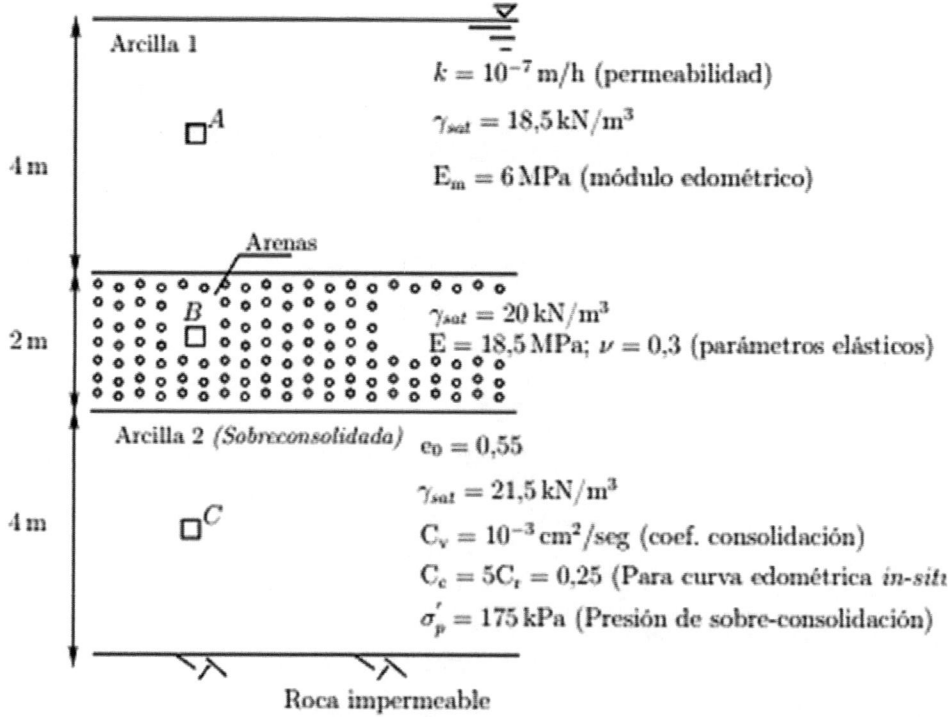

Se pide:

1. Calcular las tensiones verticales efectivas en los puntos, A, B y C, situados en el centro de sus correspondientes capas, en las siguientes situaciones:

    (i) justo después de rellenar,

    (ii) un año después de rellenar, y

    (iii) a largo plazo.

2. Calcular el asiento de la superficie del terreno original debido al relleno en las siguientes situaciones:

    (i) a largo plazo, y

    (ii) un año después de rellenar.

3. Un año después del relleno se construye un edificio para una gran superficie comercial que se cimenta mediante una losa que transmite una sobrecarga de 60 kPa. Calcule el asiento a largo plazo que sufrirá el edificio.

Nota. Puede suponerse que $\gamma_w = 10$ kN/m^3 y que los procesos de construcción y relleno son *instantáneos*.

Solución

1. Cálculo de las tensiones

El incremento de carga producido por el relleno de 4 m de espesor y $\gamma_{ap} = 20$ kN/m^3 es:

$$\Delta\sigma = 4 \cdot 20 = 80 \text{ kPa}$$

Antes de colocar el relleno las tensiones existentes son las debidas al peso propio. Como el nivel freático está en superficie habrá que considerar los pesos específicos sumergidos.

Punto A
$$\sigma'_a = 2(18,5 - 10) = 17 \text{ kPa}$$

Punto B
$$\sigma'_b = 4(18,5 - 10) + 1(20 - 10) = 44 \text{ kPa}$$

Punto C
$$\sigma'_c = 4(18,5 - 10) + 2(20 - 10) + 2(21,5 - 10) = 77 \text{ kPa}$$

(i) Justo después de colocado el relleno

Las tensiones efectivas serán idénticas en los niveles arcillosos puesto que el incremento de carga lo recibe el agua. Sin embargo, en el caso de la arena, al ser un material drenante no se incrementan las presiones intersticiales y la carga efectiva es igual a la que existe más la carga del relleno.

(ii) Un año después

En la capa de arena las tensiones efectivas son las mismas. En los materiales drenantes (arenas, gravas, etc.) no se incrementan las presiones intersticiales y, por tanto, desde el principio el terreno recibe la carga aplicada (no hay proceso de consolidación).

Para el nivel arcilloso es necesario calcular el grado de consolidación que ha tenido el terreno.

En el nivel superior, el estrato tiene doble drenaje (inferior y superior) por lo que el recorrido de drenaje es $4/2 = 2$ m.
El coeficiente de consolidación de la arcilla 1 es:

$$C_v = \frac{K \cdot E_m}{\gamma_w} = \frac{10^{-7} \text{ m/h} \cdot 6.000 \text{ kN/m}^2}{10 \text{ kN/m}^3} = 6 \cdot 10^{-5} \text{ m/s}$$

Y el factor tiempo al año de aplicada la carga es:

$$T_{v,A} = \frac{C_v \cdot t}{H^2} = \frac{6 \cdot 10^{-5} \text{ m/h} \cdot 365 \text{ d} \cdot 24 \text{ h/1 d}}{(2 \text{ m})^2} = 0,13$$

A partir de la isócrona se puede obtener que en el eje de la misma (donde se situaría el punto A) el incremento de tensión efectiva es:

$$\frac{\Delta\sigma'}{\Delta\sigma} = 0,1$$

Resultando un incremento de presión efectiva de

$$\Delta\sigma'_A = 0,1 \cdot 80 = 8 \text{ kPa}$$

La capa inferior de arcilla (punto C) sólo drena por la cara superior. Por tanto, el recorrido máximo del drenaje coincide con el espesor de del estrato (4 m).

Con esta consideración, el factor tiempo es:

$$T_{v,B} = \frac{10^{-3} \text{ cm}^3/\text{s} \cdot 365 \text{ d} \cdot 24 \text{ h/1 d} \cdot 3600 \text{ s/1 h}}{(400 \text{ cm})^2} = 0,20$$

Y a partir de la isócrona correspondiente resultaría que

$$\frac{\Delta\sigma'}{\Delta\sigma} = 0,45$$

En este caso, se debe considerar sólo la mitad de la isócrona y medir en el punto medio del estado.

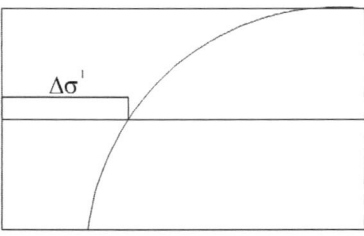

$$\Delta\sigma'_B = 80 \cdot 0,45 = 36 \text{ kPa}$$

(iii) A largo plazo

A largo plazo se debe sumar el valor de la carga aplicada (80 kP) a las tensiones iniciales existentes.

Punto A

$$\sigma'_a = 17 + 80 = 97 \text{ kPa}$$

Punto B

$$\sigma'_b = 44 + 80 = 124 \text{ kPa}$$

Punto C

$$\sigma'_c = 77 + 80 = 157 \text{ kPa}$$

A continuación, se resumen los valores que resultan en cada uno de los momentos indicados en el enunciado

	Antes	Justo después	A 1 año	A largo plazo
A	$\sigma' = 2 \cdot 8,5 = 17$	17	$17 + 8 = 25$	$17 + 80 = 97$
B	$17 + 2 \cdot 8,5 + 10 = 44$	$44 + 80 = 124$	124	124
C	$4 \cdot 8,5 + 20 + 2 \cdot 11,5 = 77$	77	$77 + 36 = 113$	$77 + 80 = 157$

2. Cálculo de los asientos

(i) asiento a largo plazo

- Arcilla 1

  Como el incremento de carga es de 80 kPa, el módulo edométrico es igual a 6 MPa y el estrato tiene un espesor de 4 m, el asiento final sería:

$$\Delta s_1 = \varepsilon_1 = \frac{80 \text{ kPa}}{6000 \text{ kPa}} \cdot 400 \text{ cm} = 5,3 \text{ cm}$$

- Arena

  Para calcular el acortamiento del estrato de arena se debe calcular el módulo edométrico a partir del módulo de elasticidad (18,5 MPa) y el valor del coeficiente de Poisson (0,3)

$$E_m = E \cdot \frac{1 - \nu}{(1 + \nu)(1 - 2\nu)} = 25 \text{ MPa}$$

  Conocido el módulo edométrico es inmediato calcular el asiento de la capa de arena

$$\Delta s_{arena} = \frac{80 \text{ kPa}}{25000 \text{ kPa}} \cdot 200 \text{ cm} = 0,64 \text{ cm}$$

- Arcilla 2

  Para la deformación de la arcilla 2 se emplea el coeficiente de compresión en recarga ya que la tensión efectiva final $(77 + 80 = 157 \text{ kPa})$ es inferior a la tensión de sobreconsolidación (175 kPa)

$$\Delta s_2 = L_2 \varepsilon_2$$

siendo ε_2 la deformación unitaria de la arcilla 2.

$$\sigma'_{inic} = 77 \quad ; \quad \sigma'_{fin} = 157 \quad (< \sigma'_p)$$

  La variación del índice de huecos se puede obtener mediante la siguiente expresión:

$$\Delta e = C_r \cdot \log \left(\frac{157}{77} \right) = 0,05 \cdot 0,31 = 0,0155$$

Y la deformación del estrato sería igual a:

$$\varepsilon = \frac{\Delta e}{1 + e_o} = \frac{0,0155}{1 + 0,55} = 0,01$$

Y el acortamiento del estrato será igual a la deformación por el espesor de la capa.

$$\Delta s_2 = 0,01 \cdot 400 \text{ cm} = 4 \text{ cm}$$

Por tanto, el asiento a largo plazo resultaría

$$\Delta s_{LP} = 5,3 + 0,64 + 4 = 9,94 \text{ cm}$$

(ii) asiento a 1 año

Para el cálculo del asiento al año hay que conocer el grado de consolidación de cada uno de los niveles de la arcilla. En el caso de la arena, se considera el asiento instantáneo por el que sería el mismo a largo plazo que a un año (es siempre el mismo desde que se aplica la carga porque sería un *proceso de consolidación* instantáneo.

Para las arcillas, a partir del factor tiempo ya calculado se obtiene el grado de consolidación, y el asiento será igual al asiento a tiempo infinito multiplicado por el grado de consolidación.

* Arcilla 1

$$T_{v,1} = 0,13$$

$$U_1 = \sqrt{\frac{4}{\pi} T_v} = 0,4$$

$$\Delta s_1 = 0,4 \cdot \sigma'_3 = 2,1$$

* Arcilla 2

$$T_{v,2} = 0,20$$

$$U_2 = 0,5$$

$$\Delta s_2 = 0,5 \cdot 4 = 2$$

$$\Delta s_{1 \text{ año}} = 2,1 + 0,63 + 2 \cong 4,73 \text{ cm}$$

3. Nuevo asiento a largo plazo tras la construcción del edificio que transmite una carga de 60 kPa. Es decir, respecto a la situación geostática se habría incrementado la carga respecto a la situación inicial:

$$80 + 60 = 140 \text{ kPa}$$

- Para la arcilla 1 se obtiene el asiento a partir del módulo edométrico

$$\Delta s_1 = \frac{140}{6000} \cdot 400 \cong 9{,}3 \ cm$$

- Para la arena también se obtiene el asiento a partir del módulo edométrico

$$\Delta s_{arena} = \frac{140}{25.000} \cdot 200 \cong 1{,}1 \ cm$$

- Para la arcilla 2, hay que tener en cuenta que al construir el edificio la tensión que resulta ($\sigma'_{final} = 77 + 80 + 60 = 217$ kPa) supera la tensión de preconsolidación (175 kPa). Por tanto, para el cálculo del asiento habrá que considerar que parte de la deformación es por la rama de recarga (entre la tensión inicial (77 kPa) y la tensión de preconsolidación (175 kPa) y otra parte, por la carga noval (entre la presión de preconsolidación (175 kPa) y la carga final (217 kPa)).

  La variación del índice de huecos sería igual a

$$\Delta e = 0{,}05 \cdot \log\left(\frac{175}{77}\right) + 0{,}25 \cdot \log\left(\frac{217}{175}\right) = 0{,}041$$

  La deformación unitaria es igual a

$$\varepsilon = \frac{0{,}041}{1 + e_o} = 0{,}0265$$

  El asiento final sería igual al valor de la deformación multiplicado por el espesor del estrato.

$$\Delta s_2 = 0{,}0265 \cdot 400 = 10{,}6 \ cm$$

  De esta manera el asiento total sería iguala

$$\Delta s_{TOT} = 9{,}3 + 1{,}1 + 10{,}6 = 21 \ cm$$

  El asiento sufrido por edificio sería igual al asiento final producido al aplicar la carga del edifico menos el asiento del terreno en el momento de construir el edificio (calculado en el apartado anterior)

$$\text{Asiento del edificio} = 21 \ cm - 4{,}73 \ cm = 1627 \ cm$$

Capítulo **5**

RESISTENCIA DEL TERRENO

EJERCICIO 5.1

Se dispone de sendas muestras *inalteradas* y saturadas de un mismo suelo cohesivo con las que se ejecutan dos ensayos triaxiales. Los resultados de los ensayos son los que se indican en el cuadro adjunto. Se sabe también que la muestra del Ensayo 2 proviene de un punto con tensión vertical efectiva $\sigma'_v = 50$ kPa y $K_o = 0,5$; y que la deformación volumétrica durante la *fase de rotura* del Ensayo 1 fue del 0,3%.

Resultados de los ensayos (valores en kPa):

	Ensayo 1 (CD)	Ensayo 2 (CU)
$\sigma_{3,consol}$ (kPa)	50	150
$\sigma_{d,rot}$ (kPa)	80,5	137,7
Δu_{rot} (kPa)	0	45,9

Se pide:

1. Determinar los parámetros resistentes efectivos del suelo estudiado.

2. ¿Cuál habría sido probablemente[*] la deformación volumétrica que se habría producido durante todo el Ensayo 2, considerando tanto la fase de consolidación como la de rotura, si éste se hubiera ejecutado en condiciones drenadas?

Solución

1. A partir de los valores del ensayo dados en el enunciado se obtienen los parámetros en tensiones efectivas.

$$\sigma'_3 = \sigma_{3consol} - \Delta u_{rot}$$

$$\sigma'_1 = \sigma_{3consol} + \sigma_{d,rot} - \Delta u_{rot}$$

$$p' = \frac{(\sigma'_1 + \sigma'_3)}{2}$$

$$q = \frac{(\sigma'_1 - \sigma_{3'})}{2}$$

---

[*] A efectos de la resolución, puede asumirse un comportamiento elástico de la muestra durante todo el ensayo y que las propiedades elásticas de las muestras 1 y 2 son iguales.

	Ensayo 1	Ensayo 2
$\sigma_{3,consol}$ (kPa)	50	150
$\sigma_{d,rot}$ (kPa)	80,5	137,7
Δu_{rot} (kPa)	0	45,9
σ'_3 (kPa)	50	104,1
σ'_1 (kPa)	130,5	241,8
p' (kPa)	90,25	172,95
q (kPa)	40,25	68,9

Para obtener los parámetros resistentes ϕ' y c' se aplica la ecuación de rotura

$$q = c' \cdot \cos \emptyset' + p' \cdot \sin \emptyset'$$

Como se dispone de dos ensayos en rotura, se puede establecer un sistema de dos actuaciones con dos incógnitas.

$$40,25 = c' \cdot \cos \emptyset' + 90,25 \cdot \sin \emptyset' \qquad (1)$$

$$68,9 = c' \cdot \cos \emptyset' + 172,95 \cdot \sin \emptyset' \qquad (2)$$

Resolviendo (2) – (1):
$$28,65 = 82,7 \cdot \sin \emptyset' \ \rightarrow \ \emptyset' = 20°$$

De (1) o (2)
$$c' = 10 \text{ kPa}$$

2. La deformación volumétrica se puede obtener mediante la siguiente expresión

$$\varepsilon_{vol} = \frac{1 - 2\,v}{E} \cdot \Delta \left(\sigma'_1 + \sigma'_2 + \sigma'_3 \right)$$

Ensayo 1. Fase de rotura ($\varepsilon_{vol} = 0,3\% = 0,003$)

En este caso la deformación volumétrica es un dato del enunciado y es igual al 0,3%. Durante el proceso de rotura $\Delta\sigma'_3$ es igual a 0 e $\Delta\sigma'_1$ es igual al desviador de rotura D.

Con estos valores la expresión de la deformación volumétrica se transforma en la siguiente

$$\varepsilon_{vol} = \frac{1 - 2\,v}{E} \cdot D$$

Como se puede ver es posible conocer el valor de: $\dfrac{1 - 2\,v}{E}$

Así,

$$\frac{1 - 2\,v}{E} = \frac{0{,}003}{80{,}5 \text{ kPa}} = 3{,}73 \cdot 10^5 \text{ kPa}$$

Ensayo 2

Indica que una muestra es *inalterada* es lo mismo que decir que $\varepsilon_{vol} = 0$ durante el proceso de extracción en el campo y traslado al laboratorio

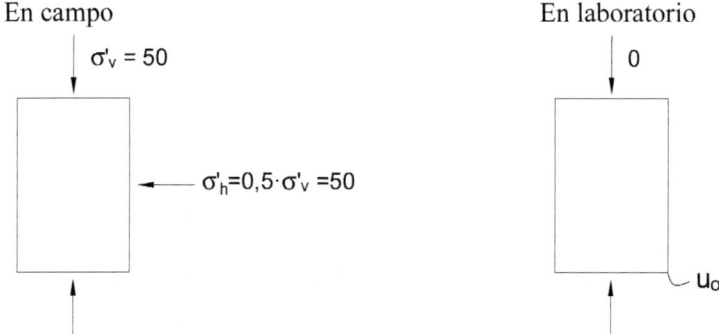

Para que no haya cambio de volumen, la suma de tensiones efectivas se debe mantener constante. Por tanto, antes de comenzar el ensayo existe en la muestra una presión intersticial negativa.

$$-3u_0 = 50 + \Delta\sigma'_3 = 0$$

$$u_0 = 33{,}3 \text{ kPa}$$

Durante el proceso de consolidación se producirá un cambio volumétrico.

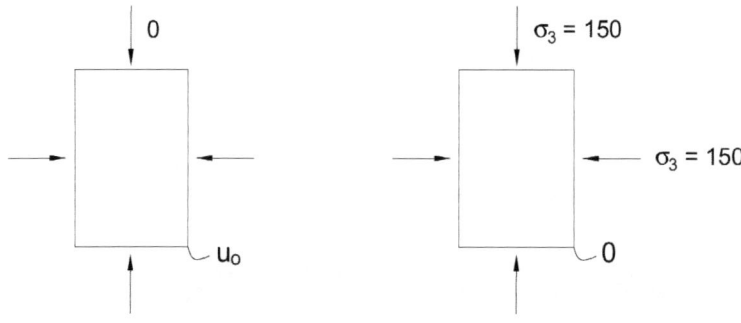

Durante la consolidación se produce la siguiente variación de las tensiones efectivas.

$$\Delta\sigma'_1 = \Delta\sigma'_3 = 150 - (-u_o) = 116,7 \text{ kPa}.$$

Por tanto, la deformación volumétrica de la probeta será la siguiente.

$$\varepsilon_{vol} = \left(\frac{1 - 2v}{E}\right) 3 \cdot \Delta\sigma'_1 = 3,73 \cdot 10^{-5} \cdot 3 \cdot 116,7 = 1,3\%$$

Durante el proceso de rotura al ser una rotura drenada no hay variación de presión intersticial. Es posible, por tanto, estimar el desviador de rotura a partir del criterio de rotura (en este caso se expresa con otra expresión).

$$\sigma_{3,c} - 150$$

$$\sigma_{d,rot} = D$$

$$\Delta u_{rot} = 0$$

Expresión de rotura

$$\left(\sigma'_1 + \frac{c'}{\tan\phi'}\right) = \lambda \cdot 3 \cdot \left(\sigma'_1 + \frac{c'}{\tan\phi'}\right)$$

$$\lambda = 2,04 = \frac{1 + \sin\phi'}{1 - \sin\phi'}$$

$$\frac{c'}{\tan\phi'} = 27,47$$

$$\sigma'_1 + 27,47 = 2,04 \cdot (150 + 27,47) \rightarrow \sigma'_1 = 334,57 \text{ kPa}$$

Si al valor de σ'_1 se le resta el valor de $\sigma_{3,c}$ se obtiene el valor de D.

$$D = 334,57 - 150 = 184,57 \text{ kPa}$$

Y finalmente es posible estimar la deformación volumétrica que se produce durante el proceso de rotura.

$$\Delta\sigma'_3 = 0 \text{ kPa}$$

$$\Delta\sigma'_1 = 184,57 \text{ kPa}$$

$$\varepsilon_{vol} = \left(\frac{1 - 2v}{E}\right) 184,57 = 0,7\%$$

$$\boldsymbol{\varepsilon_{vol} = 2\%}$$

EJERCICIO 5.2

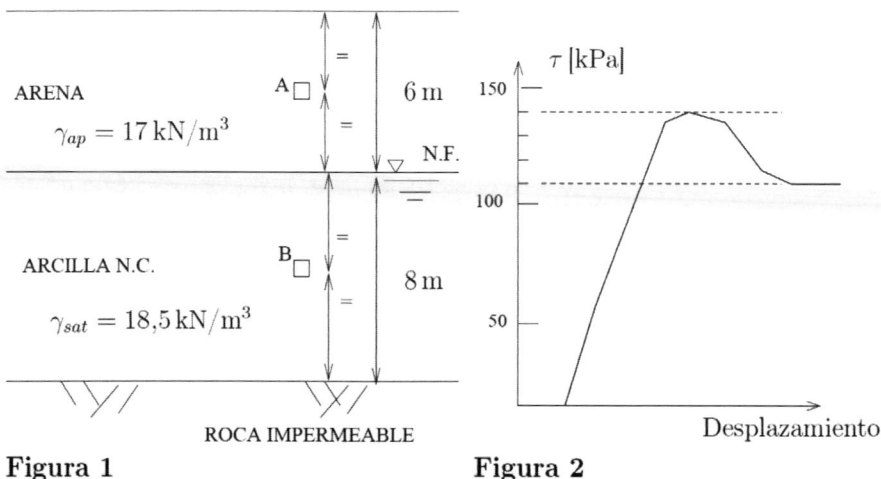

Figura 1 **Figura 2**

A partir del perfil estratigráfico de la Figura 1, se pide:

1. Para su ensayo en un equipo de corte directo de 50×50 mm, se prepara una muestra seca representativa de las arenas. El ensayo se realiza aplicando una fuerza normal al plano de corte de 500 N. A partir de la Figura 2, se pide calcular los parámetros de resistencia efectiva (pico y residual).

2. Se toman cuatro muestras inalteradas del punto B en la formación de arcilla normalmente consolidada. Con las dos primeras, se realizan ensayos triaxiales (tipo CD y CU), obteniéndose los resultados que se muestran en el cuadro siguiente.

	Ensayo CD	Ensayo CU
Presión de consolidación	200 kPa	250 kPa
Desviador en rotura	300 kPa	Desconocida
Presión intersticial	0	Desconocida

Asumiendo un comportamiento elástico de la muestra hasta rotura, se pide:

a) Calcular los parámetros resistentes de la arcilla.

b) Calcular la presión intersticial y desviador en rotura en el ensayo CU.

c) Calcular la resistencia al corte sin drenaje de un ensayo UU ejecutado, con una presión de cámara de 350 kPa, sobre una muestra *inalterada* procedente de B.

d) Calcular el desviador en rotura de un ensayo triaxial con una primera etapa de consolidación anisotrópica hasta el estado tensional efectivo in situ, y con una segunda etapa de rotura no drenada.

e) Representar las trayectorias tensionales (totales y efectivas) de los cuatro ensayos triaxiales.

Solución

1. Para analizar el ensayo de corte directo se debe estimar la tensión normal aplicada. La fuerza actuante es F = 500 N y el área de contacto en la caja de corte directo es: A = 5 × 5 = 25 cm².

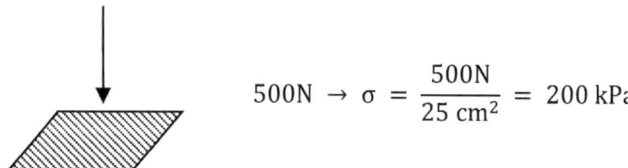

$$500\text{N} \rightarrow \sigma = \frac{500\text{N}}{25 \text{ cm}^2} = 200 \text{ kPa}$$

El valor de la tensión de corte de rotura se obtiene del gráfico de la rotura. La tensión de corte de pico es 140 kPa mientras que para la resistencia residual se considera un valor de 110 kPa.

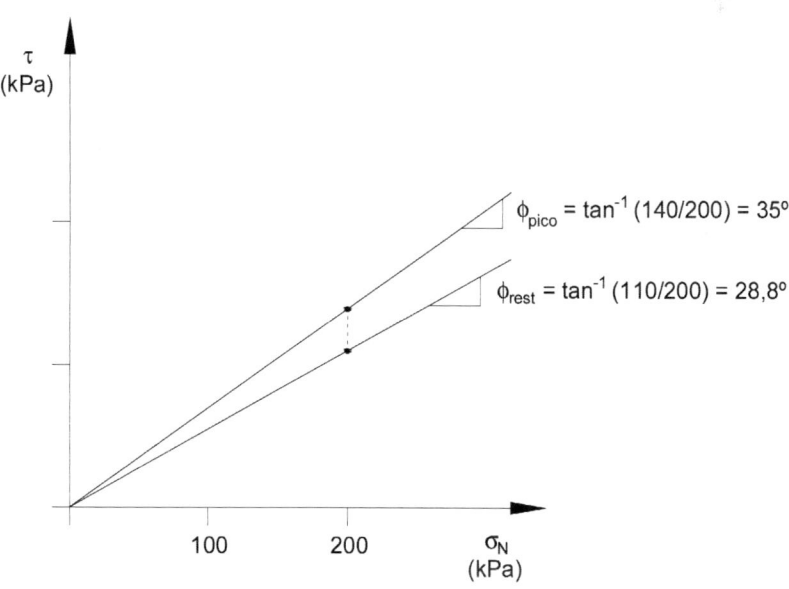

2. Como se indica que la muestra en normalmente consolidada se puede considerar que la cohesión efectiva es nula

Con esta premisa es posible obtener a partir de la interpretación del ensayo triaxial consolidado y drenado el ángulo de rozamiento del terreno.

- Ensayo CD

  De acuerdo a los datos del enunciado se conocen las tensiones efectivas principales.

$$\sigma'_3 = 200 \text{ kPa}$$

$$\sigma'_1 = 500 \text{ kPa}$$

Cuando no existe cohesión el criterio de rotura se simplifica y se puede expresar de la siguiente manera.

$$\sigma'_1 = \lambda \cdot \sigma'_3$$

Resolviendo se obtiene el ángulo de rozamiento interno

$$\lambda = \frac{500}{200} = 2,5$$

$$\lambda = tan^2 \left(45 + \frac{\phi'}{2} \right) \rightarrow \phi' = 25,4^o$$

- Ensayo CU

  Como se indica que el comportamiento de la probeta es elástico el valor de la A de Skempton es igual a 1/3.

  La generación de presiones intersticiales durante el proceso de rotura será:

$$\Delta u = B \left[\Delta\sigma_3 + A \cdot D \right] = 1/3 \, D$$

En la siguiente tabla se resumen los parámetros durante la fase de consolidación y de rotura.

	Consolidación	Rotura
σ_3 (kPa)	250	250
σ_1 (kPa)	250	250 + D
u (kPa)	0	1/3 D
σ'_3 (kPa)		250–1/3D
σ'_1 (kPa)		250 + 2/3D

Aplicando la condición de rotura, como se conocen los parámetros resistentes del terreno, es posible estimar el desviador de rotura.

$$\sigma'_1 = \lambda \cdot \sigma'_3$$

$$(250 + 2/3\,D) = 2,5 \cdot (250 - 1/3\,D)$$

$$D = 250\ kPa$$

- Ensayo UU

En primer lugar, es necesario las tensiones en la probeta antes de realizar el ensayo. Para obtener dichas tensiones efectivas se sabe que la muestra es inalterada.

Por tanto, es necesario estimar las tensiones efectivas en el terreno natural antes de extraer la muestra

$$\sigma'_{VB} = 6m \cdot 17\ kN/m^3 + 4m \cdot 8,5\ kN/m^3 = 136\ kPa$$

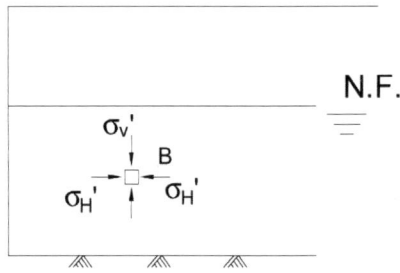

Para conocer las tensiones efectivas horizontales es necesario aplicar la fórmula de Jacky para obtener las tensiones horizontales efectivas

$$K_B = 1 - \sin(\emptyset) = 1 - \sin(25,4°) = 0,571$$

$$\sigma'_{HB} = K_B \cdot \sigma'_{VB} = 0,571 \cdot 136 = 77,66\ kPa$$

La suma de las tensiones efectivas in situ es la siguiente:

$$\sum_{i=1}^{3} \sigma_i' = 136 + 2 \cdot 77,66 = 291,3\ kPa$$

Como la muestra es *inalterada* no hay variación en la suma de las tensiones efectivas.

En el laboratorio, antes de comenzar el ensayo no existe ninguna presión exterior por lo que la presión del agua en el interior de la probeta es negativa.

$$\sigma_3' = -u_o$$

$$\sum_{i=1}^{3} \sigma_i' = -3\,u_o$$

$$\sigma_1' = -u_o$$

$$\Delta \text{Vol} = 0 \;\rightarrow\; \sum_{i}^{3} \sigma_i' = \text{cte} \;\rightarrow\; -3\,u_o = 291,3$$

$$u_o = -97,1 \text{ kPa}$$

A continuación, se resumen los parámetros del ensayo en la etapa de consolidación y en la de rotura.

	Antes	(B = 1) consolidación	(A = 1/3) rotura
σ_3 (kPa)	0	$0 + \Delta\sigma_3$	$\Delta\sigma_3$
σ_1 (kPa)	0	$0 + \Delta\sigma_3$	$\Delta\sigma_3 + D$
u (kPa)	−97,1	$-97,1 + \Delta\sigma_3$	$-97,1 + \Delta\sigma_3 + 1/3D$
σ'_3 (kPa)	97,1	97,1	$97,1 - 1/3\,D$
σ'_1 (kPa)	97,1	97,1	$97,1 + 2/3\,D$

Aplicando la expresión del criterio de rotura se obtiene el desviador

$$\sigma'_1 = \lambda \cdot \sigma'_3$$

$$97,1 + 2/3\,D = 2,5 \cdot (97,1 - 1/3\,D)$$

$$D = 97,1 \text{ kPa}$$

La resistencia al corte sin drenaje es igual a la mitad del desviador de rotura.

$$s_u = D/2 \rightarrow s_u = 48,5 \text{ kPa}$$

- Ensayo anisotrópicamente consolidado

  En este caso, al consolidar la probeta se hace anisotrópicamente. La presión de consolidación es 77,6 kPa y la tensión vertical durante la consolidación es 136 kPa

	Consolidación	Rotura
σ_3 (kPa)	77,66	77,66
σ_1 (kPa)	136	$136 + \Delta D$
u (kPa)	0	$1/3\ D$
σ'_3 (kPa)	77,66	$77,66 - 1/3\ \Delta D$
σ'_1 (kPa)	136	$136 - 2/3\ \Delta D$

Aplicando la condición de rotura, sabiendo que la cohesión es nula

$$\sigma'_1 = \lambda \cdot \sigma'_3$$

$$(136 + 2/3\,\Delta D) = 2,5 \cdot (77,66 - 1/3\,\Delta D)$$

$$D = 38,8 \text{ kPa}$$

En el siguiente gráfico se transmiten las trayectorias de rotura en un diagrama q – p durante los distintos ensayos descritos.

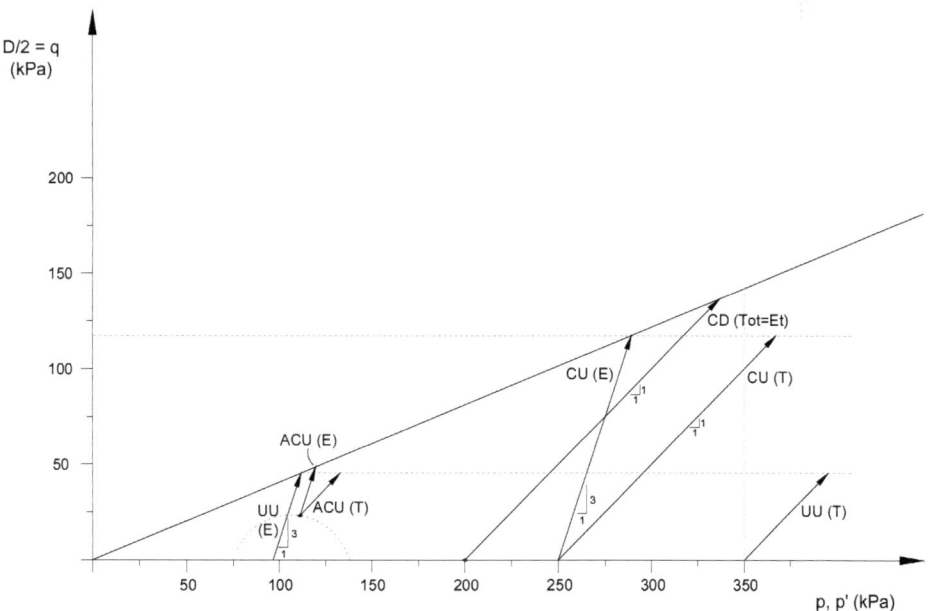

EJERCICIO 5.3

Se tiene un material granular sobre el que se realiza un ensayo de corte directo. La tensión normal al plano de corte será $\sigma_n = 100$ kPa, y los resultados de la tensión de corte frente al desplazamiento horizontal ($\tau - \delta$) se indican en la figura siguiente.

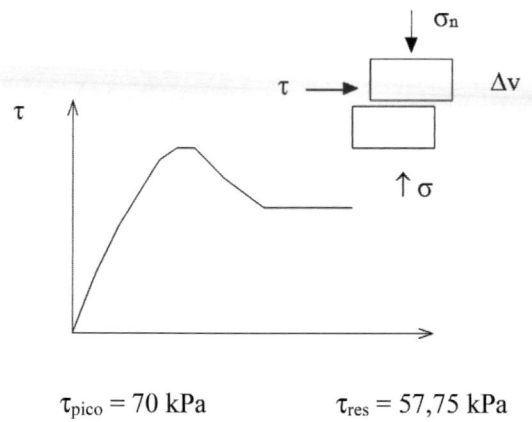

$$\tau_{pico} = 70 \text{ kPa} \qquad\qquad \tau_{res} = 57{,}75 \text{ kPa}$$

Se pide:

1. Los parámetros resistentes del material.

2. Justifique si el material está en un estado *denso* o *suelto*, y represente un gráfico con la variación esperada de altura de la muestra Δv en función del desplazamiento horizontal, δ.

Solución

1. Al ser un material granular se puede considerar que la cohesión es nula (c' = 0).

Como la tensión normal al plano de corte es 100 kPa y la tensión tangencial de pico es de 70 Pa y la residual es de 57,75 kPa, se pueden obtener los respectivos ángulos de rozamiento.

$$\phi' = arctan\left(\frac{\tau}{\sigma'}\right)$$

$$\phi'_{pico} = arctan\left(\frac{70}{100}\right) = 35º$$

$$\phi'_{res} = arctan\left(\frac{57{,}75}{100}\right) = 30º$$

2. Cuando existe resistencia de pico es porque es un suelo denso y su comportamiento es dilatante (aumenta el volumen al aplicar los esfuerzos de corte).

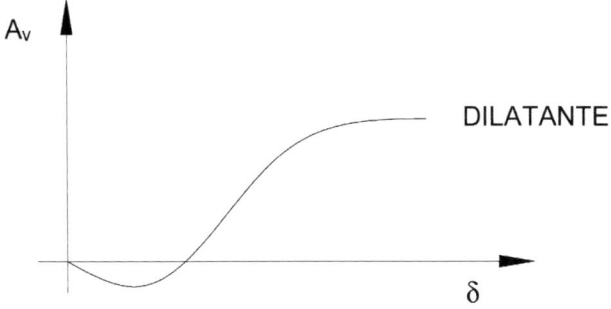

EJERCICIO 5.4

En un terreno con el perfil estratigráfico mostrado en la figura siguiente, se toman muestras inalteradas de A y B.

$$\gamma_{ap} = 18\,\text{kN/m}^3$$

Arcilla N.C.
$\phi' = 25°$
$\gamma_{sat} = 20\,\text{kN/m}^3$

□ A

Arcilla S.C.
$\gamma_{sat} = 21\,\text{kN/m}^3$

□ B

1 m
2 m
2 m
3 m

Con las muestras tomadas de B se ejecutan ensayos triaxiales, con los datos de la tabla adjunta (valores en kPa).

	Consolidación		Rotura	
	σ_{camara}	u_{cola}	Δu	Desviador
Ensayo 1 (CD)	300	150	0	XXX
Ensayo 2 (CU)	200	100	XXX	175,16

Se pide:

a) Calcular la resistencia al corte sin drenaje que daría, en un ensayo triaxial de tipo UU, una muestra inalterada extraída de A, y ensayada con una presión de cámara de 100 kPa (puede asumir comportamiento elástico hasta la rotura). Justifique cuál habría sido su respuesta si la presión de cámara hubiera sido el doble.

b) Calcular los valores indicados con "XXX" en el cuadro anterior, sabiendo que los parámetros resistentes de la arcilla S.C. son $c = 50$ kPa y $\varphi = 25°$. Represente también la trayectoria tensional —en totales y efectivas— del Ensayo 2, suponiendo que el parámetro A de Skempton es constante durante todo el ensayo.

c) Calcular la deformación volumétrica durante la fase de rotura de un ensayo triaxial drenado, ejecutado con una muestra de B (arcilla S.C.), con presión efectiva de consolidación inicial de 100 kPa, y en el que la presión de la cámara se incrementa conforme aumenta el desviador, según la ley $\Delta\sigma_1/\Delta\sigma_3 = 3$. A estos efectos, se sabe que la deformación volumétrica durante la fase de rotura del Ensayo 1 es del 1,0 %.

Nota. Puede suponerse en los cálculos que $\gamma_w = 10$ kN/m^3.

Solución

a) Ensayo UU

El ensayo UU se hace con una muestra inalterada. Esto quiere decir que no hay cambio de volumen desde el campo al laboratorio o, lo que es lo mismo, que el sumatorio de las tensiones efectivas principales es contante.

Para el cálculo de las tensiones horizontales efectivas se puede aplicar la fórmula de Jaky ($\phi' = 25°$).

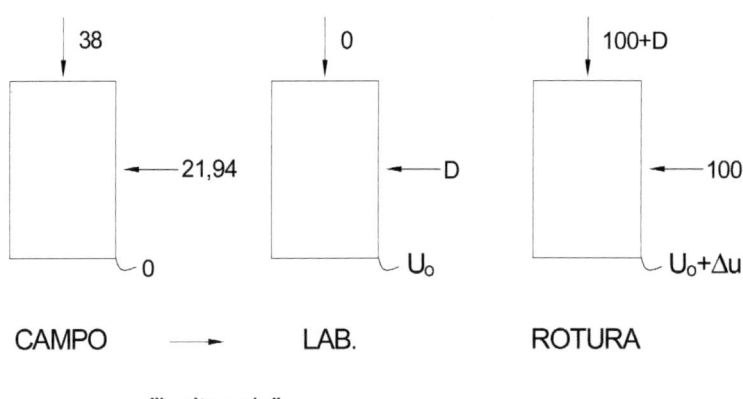

$$\sigma'_v (A) = 18 + 2 \cdot 10 = 38 \text{ kPa}$$

$$k_o = 1 - \text{sen } \phi' = 0,5774$$

$$\sigma'_h (A) = 21,94 \text{ kPa}$$

$$38 + 2 \cdot 21,94 = -3 \, u_o$$

$$u_o = -27,29 \text{ kPa}$$

Para realizar el ensayo triaxial se debe obtener la variación de incremento de presión intersticial porque el drenaje está cerrado.

En el ensayo triaxial consideramos que la muestra está saturada y, por tanto, el coeficiente B de Skempton es igual a 1.

Como se comenta en el enunciado que se puede considerar un comportamiento elástico hasta la rotura se debe considerar que el coeficiente A de Skeptom es A = 1/3.

Durante el proceso de rotura el valor de lesión general intersticial es

$$\Delta u = 100 + 1/3 \, D$$

Como se trata de una arcilla normalmente consolidada, se puede considerar que la cohesión es nula (c' = 0).

Como se conoce el ángulo de rozamiento del terreno, el parámetro λ del criterio de rotura es:

$$\phi' = 25°$$

$$\lambda = 2,464$$

Y el criterio de rotura viene indicado por la siguiente expresión al ser nula la cohesión:

$$\sigma'_1 = \lambda \cdot \sigma'_3$$

Sustituyendo los valores

$$100 + D - u_o - 100 - 1/3 \, D = (100 - u_o - 100 - 1/3 \, d) \cdot \lambda$$

$$27,29 + 2/3 \, D = 2,464 \, (27,29 - 1/3 \, D)$$

$$D = 63,5 \text{ kPa}$$

$$s_u = 31,75 \text{ kPa}$$

El resultado es independiente de la presión de cámara.

b) Al ser una arcilla sobreconsolidada tenemos que considerar el valor del ángulo de rozamiento efectivo y de la cohesión efectiva.

- Ensayo 1: c' = 50 kPa; ϕ' = 25°.

  Ensayo consolidado drenado.

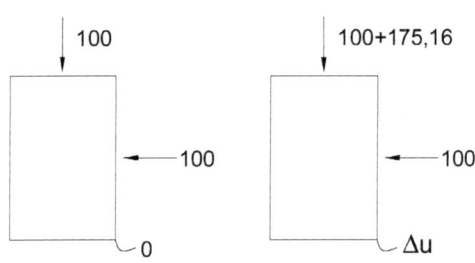

Aplicando el criterio de rotura

$$\sigma_1' = \lambda\sigma_3' + 2c\sqrt{\lambda}$$

siendo

$$\lambda = \frac{1 + \sin\phi'}{1 - \sin\phi'} = \frac{1 + \sin 25}{1 - \sin 25} = 2,464$$

Se obtendría

$$150 + D = 2,464 \cdot 150 + 2 \cdot 50 \cdot 1,57$$

$$D = 376,55 \text{ kPa}$$

- Ensayo 2. Es un ensayo consolidado sin drenaje por lo que es necesario estimar la variación de la presión intersticial

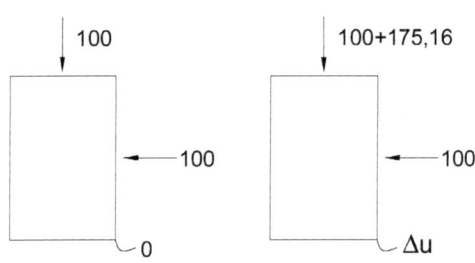

$$\sigma_1' = \lambda\sigma_3' + 2c\sqrt{\lambda}$$

$$(275,16 - \Delta u) = 2,464\,(100 - \Delta u) + 157$$

$$\Delta u = 87,58 \text{ kPa}$$

Conocido el valor de la presión intersticial es inmediato conocer el valor de la A de Skempton.

$$A = \frac{\Delta u}{D}$$

$$A = \frac{87,59}{175,16} = 0,5$$

En el siguiente gráfico se muestra la representación de la trayectoria de las tensiones en un diagrama p', q.

Como $\sigma_1' = 187,57$ kPa y $\sigma_3' = 12,41$, resultarían los siguientes valores

$$p' = 100 \text{ kPa}$$

y

$$q = 87,50 \text{ kPa}$$

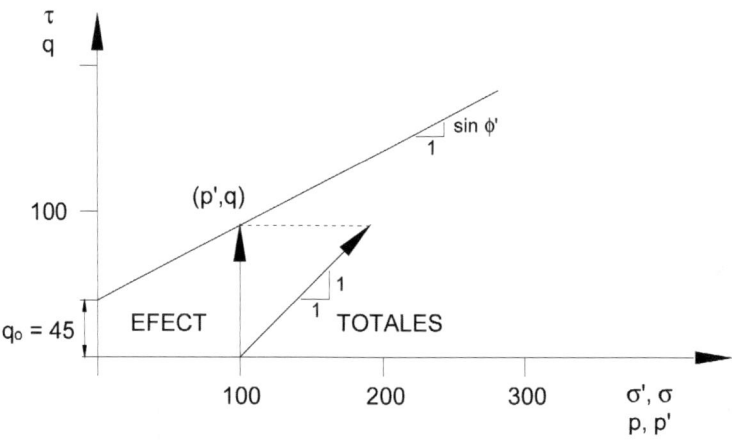

p' y q en dan en kPa.

c) En el ensayo 1 hemos obtenido la deformación volumétrica por lo que es posible estimar los parámetros deformacionales.

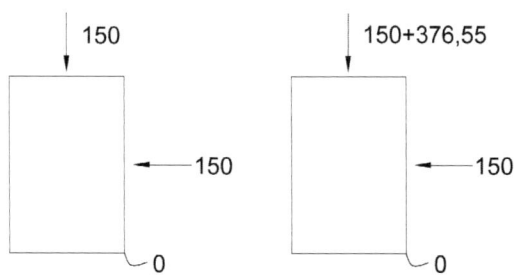

$$\Delta\sigma_1' = 376{,}55$$

$$\Delta\sigma_2' = \Delta\sigma_3' = 0$$

$$\varepsilon_{vol} = \frac{1 - 2\nu}{E} \cdot \Delta\,(\sigma_1' + \sigma_2' + \sigma_3')$$

$$0{,}01 = \frac{1 - 2\nu}{E}\,376{,}55$$

$$\left(\frac{1 - 2\nu}{E}\right) = 2{,}656 \cdot 10^{-5}\,kPa^{-1}$$

Ahora estudiamos el ensayo en el que nos piden la deformación volumétrica. En primer lugar, tenemos que obtener el desviador que produce la rotura

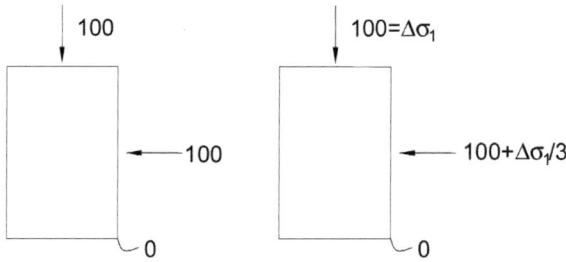

En rotura se debe cumplir el criterio de rotura

$$\sigma_1' = \lambda\sigma_3' + 2c\sqrt{\lambda}$$

$$100 + \Delta\sigma_1 = 2{,}464\left(100 + \frac{\Delta\sigma_1}{3}\right) + 157$$

$$\Delta\sigma_1 = 1697{,}8 \text{ kPa}$$

Conocido el desviador de rotura es necesario obtener el valor del incremento de las tensiones efectivas horizontales para poder estimar la deformación volumétrica.

$$\Delta\sigma_1' = \Delta\sigma_1$$

$$\Delta\sigma_2' = \Delta\sigma_3' = \Delta\sigma_1/3$$

$$\varepsilon_{vol} = \left(\frac{1 - 2\nu}{E}\right)[\Delta\sigma_1 + 2/3\,\Delta\sigma_1] = (2{,}656 \cdot 10^{-5}\,kPa^{-1})\left[\frac{5}{3} \cdot 1697{,}8\right]$$

$$\varepsilon_{vol} = 0{,}075 \;\rightarrow\; 7{,}5\,\%$$

EJERCICIO 5.5

En un terreno con el perfil estratigráfico de la figura, se toman muestras saturadas e inalteradas de la arcilla, procedentes del punto A, con las que seejecutan ensayos triaxiales según se indica a continuación.

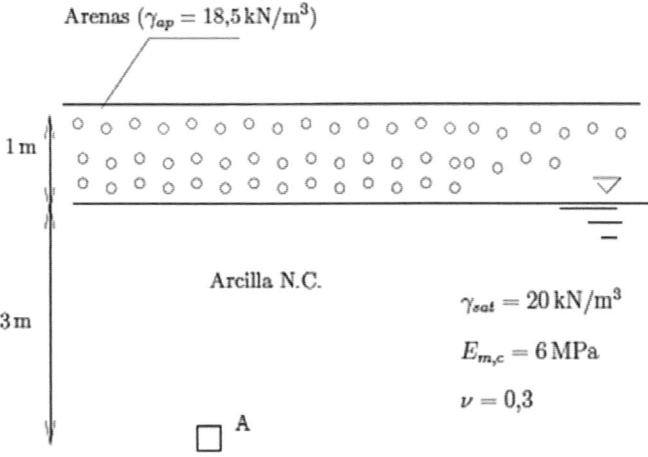

En primer lugar, se ejecuta un ensayo triaxial tipo CU con presión efectiva de consolidación de 150 kPa, obteniéndose un desviador en rotura de 152,7 kPa para unas sobrepresiones intersticiales generadas durante la fase de rotura de $\Delta u = 45,81$ kPa. La deformación volumétrica en la fase de consolidación es $\varepsilon_{vol} = 3,1\%$.

Se pide:

1. Los parámetros resistentes de la arcilla y el parámetro A de Skempton en el momento de la rotura para el ensayo CU indicado.

2. El desviador en rotura que resultaría de un ensayo triaxial tipo CD, ejecutado con presión de cámara igual a 600 kPa y presión de cola 500 kPa.

3. Suponga ahora que el ensayo triaxial CD anterior se hubiera ejecutado con la misma presión de cola y presión de cámara, pero con un estado de consolidación antrópico, de modo que $\sigma'_h/\sigma'_v \cong 0,5$. Justifique si el desviador en rotura obtenido habría sido

    (i) mayor;

    (ii) igual; o

    (iii) menor al obtenido en el apartado anterior.

4. El desviador en rotura de un ensayo triaxial tipo UU, asumiendo que las presiones intersticiales generadas en la fase de rotura son las correspondientes a comportamiento elástico del material.

5. La deformación volumétrica que experimentaría la probeta en el ensayo triaxial CD consolidado isotrópicamente mencionado anteriormente (puede asumirse comportamiento elástico para la interpretación).

Solución

1. Ensayo triaxial CU

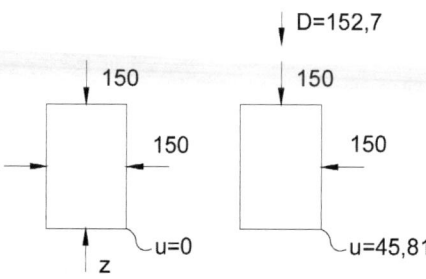

Se calculan las tensiones efectivas en el momento de la rotura

$$\sigma' = \sigma - u$$

$$\sigma'_1 = 302,7 - 45,81 = 256,89 \text{ kPa}$$

$$\sigma'_3 = 150 - 45,81 = 104,19 \text{ kPa}$$

Como el suelo es normalmente consolidado se puede suponer que la cohesión es nula.

Aplicando la carga de rotura para el caso de suelo sin cohesión

$$\sigma'_1 = \lambda \sigma'_3$$

$$256,89 = \lambda \ 104,19$$

$$\lambda = 2,46$$

Y, por tanto, el ángulo de rozamiento es:

$$\lambda = \frac{1 + \sin \phi'}{1 - \sin \phi'} = tg^2 \left(45 + \frac{\phi}{2}\right)$$

$$\phi' = 25°$$

Conocido el valor de la presión intersticial generada durante el proceso de rotura es posible estimar el valor de la A de Skempton

$$A = \frac{\Delta u}{D}$$

$$45,81 = A \cdot 152,7$$

$$A = 0,3$$

2. Ensayo triaxial CD

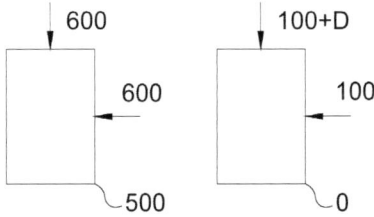

En el ensayo consolidado drenado no se generan presiones intersticiales durante el proceso de rotura. Aplicando la condición de rotura

$$\sigma_1' = \lambda\sigma_3'$$

$$100 + D = 2,46 \cdot 100$$

$$D = 146 \text{ kPa}$$

3. Las trayectorias tensionales son las mismas, como se puede comprobar en el gráfico siguiente.

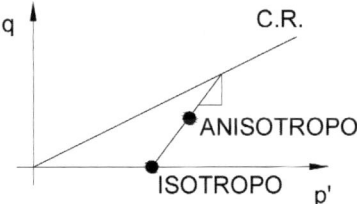

4. Ensayo UU

El ensayo sin consolidación y con rotura sin drenaje se realiza a partir de una muestra inalterada. Por tanto, en primer lugar, se debe obtener el estado tensional en el laboratorio antes de comentar el ensayo. Para ello, como no hay cambio de volumen la suma de las tensiones efectivas principales permanece constante en el proceso de extracción y traslado al laboratorio.

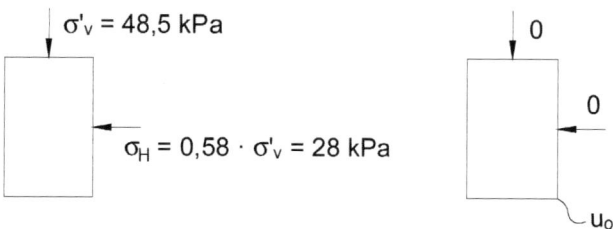

In situ   Antes de comenzar el ensayo

$$K_o = 1 - \sin \phi' = 0,50$$

La muestra inalterada indica que $\varepsilon_{vol} = 0$ o lo que es lo mismo $\sum_{i=0}^{3} \sigma'_i = cte$

$$48,5 + 2 \cdot 28 = -3\, u_o \rightarrow u_o = 34,83 \text{ kPa}$$

El esquema tensional en el omento de la rotura es

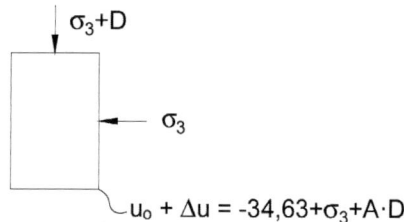

Las tensiones principales efectivas serían

$$\sigma'_1 = 34,83 + \sigma_3 + A \cdot D$$

$$\sigma'_3 = 34,83 + A \cdot D$$

Como el suelo es elástico se puede considerar que el valor de la A de Skempton es igual a 1/3 y aplicando el criterio de rotura se obtiene el desviador de rotura (D).

$$\sigma'_1 = \lambda \sigma'_3 \qquad \rightarrow D = 34,12 \text{ kPa}$$

5. El cambio volumétrico de la probeta durante el proceso de rotura es

$$\varepsilon_{vol} = \left(\frac{1 - 2\,v}{E}\right) \sum_{i=1}^{3} \Delta\sigma'_i$$

donde el módulo de deformación se puede conocer a partir de los parámetros deformacionales dados en el enunciado

$$E = E_m \cdot \frac{(1 + v)(1 - 2v)}{1 - v} = 4457{,}14 \text{ kPa}$$

También se podría obtener a partir de dato del enunciado de la deformación volumétrica para el ensayo tipo CU $\varepsilon_{vol} = 3{,}1\%$.

Para el ensayo consolidado drenado es posible conocer el estado tensional en la situación inicial y al consolidar la probeta (ya que se produce un cambio de volumen).

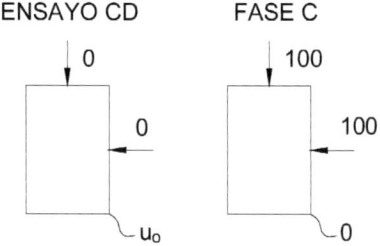

ENSAYO CD   FASE C

En el estado inicial: $\sigma'_1 = \sigma'_3$ 34,83 kPa

En el estado final: $\sigma'_1 = \sigma'_3 = 100$

Por tanto, el incremento tensional es igual a

$$\Delta\sigma'_1 = \Delta\sigma'_2 = \Delta\sigma'_3 = 65{,}17 \text{ kPa}$$

Y conocido la variación tensional, es inmediato conocer la deformación volumétrica

$$\varepsilon_{vol} = \left(\frac{1 - 2v}{E}\right) 3 \cdot 65{,}17 = 1{,}75\%$$

Ahora se pasa a calcular la variación volumétrica durante la fase de rotura (como es drenada también habrá cambio de volumen)

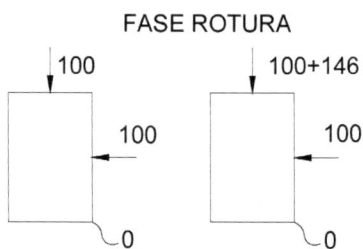

FASE ROTURA

En primer lugar, se determina la variación tensional durante el proceso de rotura

$$\Delta\sigma'_1 = 146$$

$$\Delta\sigma'_2 = \Delta\sigma'_3 = 0$$

A partir de estos valores es posible determinar la deformación volumétrica.

$$\varepsilon_{vol} = \left(\frac{1 - 2\nu}{E}\right) 146 = 1,31\%$$

$$\varepsilon_{vol\ TOTAL} \cong 3\%$$

EJERCICIO 5.6

1. Se realizan dos ensayos triaxiales de compresión con sendas muestras saturadas de un mismo suelo, obteniéndose los valores que se indican en la tabla (valores de kPa).

	Ensayo 1		Ensayo 2	
	Consolidación	Rotura	Consolidación	Rotura
Presión cámara (totales)	450	450	500	500
Tensión principal mayor (totales)	450	784,64	500	817,32
Presión cola	300	300	200	358,66

Se pide:

a)   Indicar la denominación correspondiente a cada ensayo, y si las muestras han tenido un comportamiento contractivo o dilatante. Justifique su respuesta.

b)   Calcular los parámetros resistentes del suelo y los parámetros de Skempton (en rotura).

2. Se toman muestras inalteradas de otro suelo arcilloso saturado y normalmente consolidado, con $\gamma_{ap} = \gamma_{sat} = 20\ kN/m^3$, y cuyo ángulo de rozamiento interno (en tensiones efectivas) es $\phi' = 22°$. Las muestras provienen de una zona llana, con el nivel freático situado 1 m bajo la superficie. Se pide:

a)   Calcular la deformación volumétrica durante la fase de rotura de un ensayo triaxial drenado, con presión efectiva de consolidación inicial de 100 kPa y en el que la presión de cámara se incrementa conforme aumenta el desviador, según la ley $\Delta\sigma_1/\Delta\sigma_2 = 4$.

A estos efectos, se sabe que la deformación volumétrica durante la fase de rotura de un ensayo triaxial CD tradicional, realizado a la misma presión efectiva de consolidación inicial, es del 1,2%.

b) Asumiendo un comportamiento elástico, calcule la resistencia al corte sin drenaje que se registraría en un ensayo triaxial tipo UU con una muestra obtenida a 5 m de profundidad desde la superficie.

c) Justifique, sin hacer cálculos, si la resistencia al corte sin drenaje de una muestra obtenida a mayor profundidad habría sido mayor, igual o menor que la calculada en el apartado anterior.

Nota. Puede suponerse en los cálculos que $\gamma_w = 10$ kN/m^3.

Solución

1.

a) Ensayo 1

En el ensayo 1 el Δu es nulo por lo que posiblemente se trata de un ensayo CD (drenado).

No puede saberse si el comportamiento es contractivo o dilatante (también podría ser CU con comportamiento volumétrico *neutro* pero entonces A sería distinto entre ensayos).

b) Ensayo 2

Como existe un incremento de $\Delta u > 0$ → CU con muestra contractiva

Se dispone del estado tensional en dos ensayos realizados con el mismo suelo

	Rotura 1	**Rotura 2**
σ'_1	484,64	458,66
σ'_3	150	141,34

Aplicando el criterio de rotura

$$\sigma'_1 = \lambda\,\sigma'_3 + 2\,c'\,\sqrt{\lambda}$$

Se obtiene un sistema de dos ecuaciones con dos incógnitas

(1) $484{,}64 = \lambda \cdot 150 + C$

(2) $458{,}66 = \lambda \cdot 141{,}34 + C$

Resolviendo el sistema de ecuaciones es posible determinar los parámetros resistentes del suelo

$(1) - (2)$

$$25,98 = \lambda \cdot 8,66 \quad \rightarrow \quad \lambda = 3 \quad \rightarrow \quad \phi = 30°$$

De (1)

$$C = 34,64 = 2 \, c' \, \sqrt{\lambda}$$

$$c' = 10 \text{ kPa}$$

A continuación se calculan los parámetros de Skemptom.

En los ensayos triaxiales se puede asumir que la probeta ha sido saturada completamente, por tanto, $B = 1$.

A partir de los datos del ensayo 2 es posible determinar el coeficiente de Skempton

$$A = \frac{\Delta u}{D}$$

$$\Delta u = 158,66 = A \cdot D \rightarrow A \cdot 317,32$$

$$A = 0,5$$

2.

a) Ensayo triaxial tipo CD

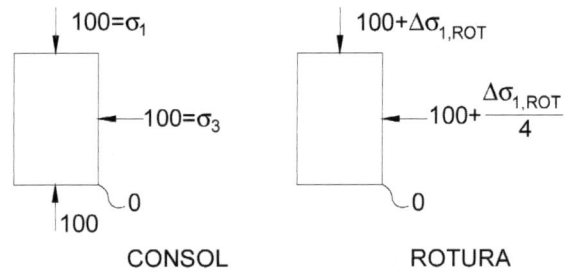

Como se indica que el suelo es normalmente consolidado se puede asumir que $c' = 0$.

Como el ángulo de rozamiento es $\phi' = 22°$ el parámetro de rotura λ es

$$\lambda = \frac{1 + \sin \phi'}{1 - \sin \phi'} = tg^2\left(45 + \frac{\phi}{2}\right) = 2,2$$

Aplicando el criterio de rotura

$$\sigma'_1 = \lambda\,\sigma'_3$$

$$100 + \Delta\sigma_{1,ROT} = 2,2\,(100 + (\Delta\sigma_{1,ROT}/4))$$

Resolviendo

$$\Delta\sigma_{1,ROT} = 266,66 \text{ kPa}$$

Por tanto, el estado tensional obtenido es

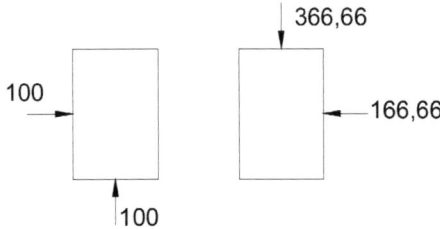

En el enunciado se facilita la deformación volumétrica en un ensayo CD. Se indica que es igual a 1,2%, Este dato permite poder conocer los parámetros deformacionales del suelo. En realidad, se va a conocer el valor de

$$\left(\frac{1 - 2\,\nu}{E}\right)$$

La variación volumétrica de la probeta se obtiene mediante la siguiente expresión

$$\varepsilon_{vol} = \left(\frac{1 - 2\,\nu}{E}\right)(\Delta\sigma'_1 + \Delta\sigma'_2 + \Delta\sigma'_3)$$

Para estimar la variación tensional del ensayo triaxial se aplica el criterio de rotura

$$(100 + D) = 2,2 \cdot 100$$

$$D = 120 \text{ kPa}$$

Con el valor del desviador es posible conocer el valor de $\left(\frac{1-2v}{E}\right)$ a partir del dato de la deformación volumétrica

$$\varepsilon_{vol} = \left(\frac{1 - 2v}{E}\right) \cdot 120 = 0,012$$

$$\frac{1 - 2v}{E} = 10^{-4} \text{ kPa}$$

Y ahora se obtiene la deformación volumétrica solicitada en el enunciado.

Como se puede ver en el ensayo drenado la variación tensional es igual a:

$$\Delta\sigma'_1 = 266,66$$

$$\Delta\sigma'_2 = \Delta\sigma'_3 = 66,66$$

Operando

$$\varepsilon_{vol} = \left(\frac{1 - 2v}{E}\right)(266,66 + 2 \cdot 66,66) =$$

$$= 10^{-4} \cdot 400 = 0,04 \ (\cong 4\%))$$

b) Se debe obtener el estado tensional al inicio del ensayo en el laboratorio. Para ello se conoce que es una muestra inalterada. Por tanto, el sumatorio de las tensiones efectivas se mantiene constante.

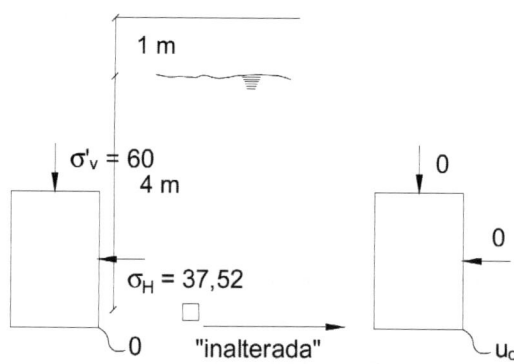

Tensión vertical efectiva; $\sigma'_v = 20 + 4 \cdot 10 = 60$ kPa

Fórmula de Jaky; $k_o = 1 - \text{sen } \phi' = 0,625$

Tensión horizontal efectiva; $\sigma'_h = 37,52$ kPa

Como es una muestra inalterada se cumple que

$$\varepsilon_{vol,o} = \sum_{i=1}^{3} \sigma'_i = cte$$

La presión intersticial antes de comenzar el ensayo es

$$60 + 2 \cdot 37,52 = -3 \, u_o$$

$$u_o = -45 \text{ kPa}$$

En el enunciado se indica que la muestra tiene un comportamiento elástico. Esto quiere decir que el coeficiente A de Skempton es igual a 1/3

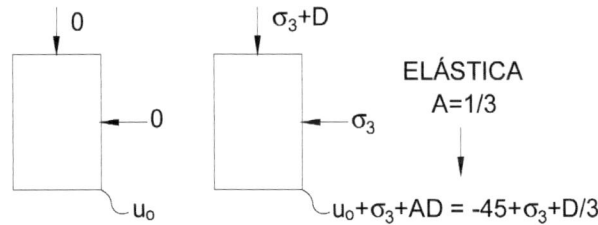

Las tensiones principales efectivas en el momento de rotura serían

$$\sigma'_1 = \sigma'_3 + D + 45 + \sigma'_3 - D/3 = 45 + 2/3D$$

$$\sigma'_3 = \sigma'_3 + 45 - \sigma'_3 - D/3 = 45 + 2/3D$$

Y aplicando el criterio de rotura

$$45 - 2/3D = 2,2 \, (45 - 2/3D)$$

$$D = 38,59 \text{ kPa}$$

$$S_u \cong 19,3 \text{ kPa}$$

c) Como se puede ver el valor de la resistencia al corte sin drenaje crece con la profundidad.

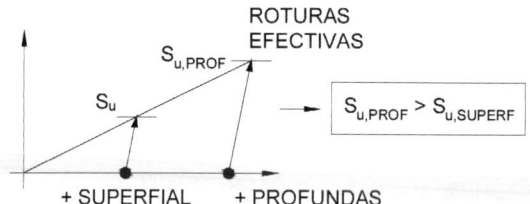

El motivo es que $\Sigma \, \sigma'_1$ inicial es mayor cuanto más profunda es la muestra.

EJERCICIO 5.7

1. Con dos muestras de suelo seco del Estrato 1 se realiza un ensayo de corte directo. Los resultados se resumen en la siguiente tabla. Calcule los parámetros de Mohr-Coulomb de la muestra.

Ensayo	Tensión normal	Tensión tangencial (rotura)
CD-1	100 kPa	60 kPa
CD-2	300 kPa	180 kPa

2. Se realiza un ensayo triaxial de tipo CU con una muestra del Estrato 3 cuyo ángulo de rozamiento efectivo es de 27°. En la etapa de consolidación la presión de cámara es 450 kPa y la presión de cola 300 kPa. El desviador en rotura es de 150 kPa. Calcular el parámetro A de Skempton en el momento de la rotura.

3. Calcular el valor de la resistencia al corte sin drenaje que proporcionaría, en un ensayo triaxial tipo UU, una muestra saturada del estrato 3 extraída *inalterada* del punto A antes de haber actuado en el terreno (esto es, antes de la excavación, bombeo, etc.). Puede asumirse comportamiento elástico hasta rotura.

Solución

1. A partir de los datos de los dos ensayos de corte directo tipo CD es posible obtener los parámetros resistentes del suelo. El criterio de rotura sería:

$$\tau = c' + \sigma' \cdot \text{sen } \phi'$$

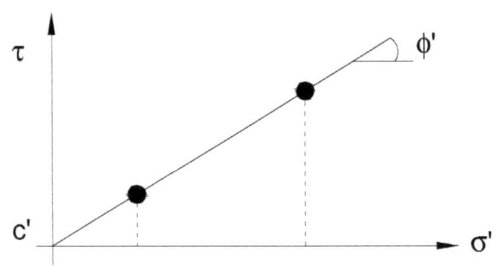

$$60 = c' + 100 \cdot \text{sen } \phi'$$

$$180 = c' + 300 \text{ sen } \phi'$$

de donde

$$120 = 200 \tan \phi'$$

y

$$\text{sen } \phi' = 120 / 200$$

$$\phi' = 30,1°$$

2. A continuación se muestra el esquema de presiones en el momento de rotura, La presión de consolidación sería 150 kPa (450–300)

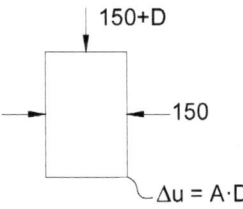

En rotura, las tensiones efectivas serian

$$\sigma'_1 = 150 + D\,(1–A)$$

$$\sigma'_3 = 150 – A \cdot D$$

Como el ángulo de rozamiento es de $\phi' = 27°$, el parámetro de rotura es $\lambda = 2,663$ y $\sqrt{\lambda}$ es 1,632

Aplicando el criterio de rotura

$$150 + D\,(1 – A) = (150 – A \cdot D)\,2,663 + 1,2 \cdot 1,632$$

Y como en el enunciado se indica que el desviador en el momento de la rotura es

$$D = 150 \text{ kPa.}$$

Se tiene:

$$150 + 150 - 150 \text{ A} = 399{,}45 - 399{,}45 \text{ A} + 1{,}9584$$

$$(399{,}45 - 150) \text{ A} = 99{,}45 + 1{,}9504$$

$$249{,}45 \text{ A} = 101{,}4084$$

$$\text{A} = 0{,}4$$

3. Durante la extracción de la muestra esta se mantiene inalterada (no hay cambio de volumen). Con esta condición se obtiene el estado tensional antes de realizar el ensayo triaxial

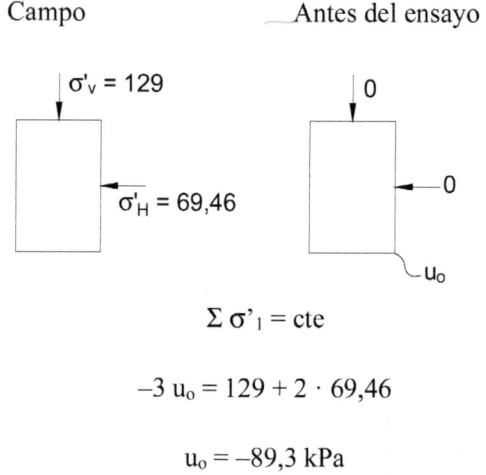

$$\Sigma \, \sigma'_1 = \text{cte}$$

$$-3 \, u_o = 129 + 2 \cdot 69{,}46$$

$$u_o = -89{,}3 \text{ kPa}$$

El esquema tensional en el momento de la rotura será:

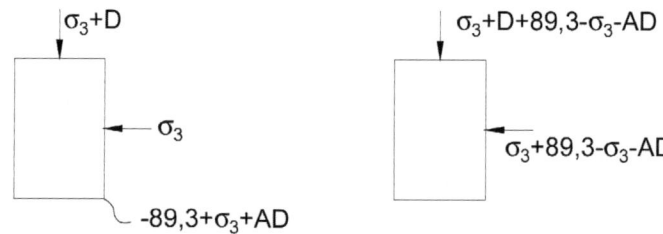

A partir del esquema anterior se puede comprobar que las tensiones efectivas en el comento de la rotura son

$$\sigma'_1 = 89,3 + D\ (1-A) = 89,3 + 2/3D$$

$$\sigma'_3 = 89,3 + A \cdot D = 89,3 - 1/3D$$

Como el suelo tiene un comportamiento elástico el parámetro A de Skempton es 1/3.

Aplicando el criterio de rotura

$$\sigma'_1 = \lambda\ \sigma'_3 + 2\ c'\ \sqrt{\lambda}$$

se obtiene

$$89,3 + 2/3\ D = (89,3 - 1/3\ D)\ 2,663 + 1,2 \cdot 1,632$$

$$89,3 + 2/3\ D = 237,82 - 0,876D + 1,9584$$

$$1,553\ D = 150,47$$

$$D = 96,89\ kPa$$

La resistencia al corte sin drenaje será igual a la mitad del desviador

$$s_u = D/2 = 48,45\ kPa$$

EJERCICIO 5.8

Se extraen muestras de un estrato arcilloso y son sometidas a los siguientes ensayos triaxiales:

Ensayo	Tipo	Presión de cámara durante la consolidación (kPa)	Presión de cola (kPa), al finalizar la fase de consolidación	Desviador de rotura (kPa)
A	CD	700	600	270
B	CD	750	600	370
C	CU	700	600	¿?

Se pide:

1. Determinar los parámetros resistentes en este suelo en tensiones efectivas.

2. Determinar el desviador de rotura en el ensayo C si el parámetro A de Skempton viene determinado por la expresión siguiente:

$$A = 0,21 \frac{\Delta D}{p'_o}$$

siendo ΔD el incremento de desviador desde el momento en que se cerró el drenaje y p'_o la presión efectiva isótropa que tenía cuando se cerró el drenaje, es decir,

$$p'_o = 0,5 \, (\sigma'_1 + \sigma'_3)$$

3. Dibujar las trayectorias de tensiones en los ensayos A, B y C.

4. En un punto de este terreno por debajo del nivel freático y donde las tensiones efectivas del suelo son $\sigma'_1 = 150$ kPa y $\sigma'_3 = 100$ kPa, una cimentación superficial incrementa muy rápidamente la tensión total en $\Delta\sigma_1 = 110$ kPa y $\Delta\sigma_3 = 0$ kPa. Si este proceso ocurre sin drenaje, ¿se alcanzará el criterio de rotura en ese punto? Razone la respuesta y dibuje la trayectoria de tensiones que se produce a corto y largo plazo.

Solución

1. Análisis de los ensayos CD

Como se dispone de la información de dos ensayos triaxiales CD del mismo material es posible determinar un sistema de dos ecuaciones (las dos situaciones de rotura) con dos incógnitas (cohesión efectiva y ángulo de rozamiento).

En la siguiente tabla se muestran las tensiones durante la realización de los ensayos:

		σ_1	σ_3	D	u	σ_1	σ_3	p	p'	q
A	Consolidado	100	100	0	0	100	100	100	100	0
	Rotura	370	100	270	0	370	100	235	235	135
B	Consolidado	150	150	0	0	150	150	150	150	0
	Rotura	520	150	370	0	520	200	3350	335	185

Para obtener los parámetros resistentes $\emptyset'$ y c' se aplica la ecuación de rotura

$$q = c' \cdot \cos\emptyset' + p' \cdot \sin\emptyset'$$

Como se dispone de dos ensayos en rotura, se puede establecer un sistema de dos actuaciones con dos incógnitas.

$$135 = c' \cdot \cos\emptyset' + 235 \cdot \sin\emptyset' \; (1)$$

$$185 = c' \cdot \cos\emptyset' + 335 \cdot \sin\emptyset' \; (2)$$

Resolviendo

$$\sin \phi' = \frac{(185 - 135)}{(335 - 235)} = \frac{1}{2}$$

$$\phi' = 30^{\circ}$$

$$c' \cos \phi' = 17,5$$

$$c' = 20 \text{ kPa}$$

2. Se analiza el ensayo C

Para el ensayo C las tensiones serían:

		σ_1	σ_3	D	u	σ_1	σ_3	p	p'	q
C	Consolidado	100	100	0	100	100	100	100	100	0 (D/2)
	Rotura	100 + D	100	D	Δu				$100 + \dfrac{D}{2} - \Delta u$		

En el ensayo de rotura C la condición de rotura sería

$$\frac{D}{2} = \left(100 + \frac{D}{2} - \Delta u\right) \operatorname{sen} \phi' + c' \cos \phi'$$

La variación del incremento de presión intersticial sería según la ley de Skempton la siguientes

$$\Delta u = B (D \sigma_3 + A \Delta D) = A D$$

$$\Delta u = \frac{0,21}{100} D^2$$

Sustituyendo en la expresión anterior, se tiene

$$-\frac{0,0021}{2} D^2 - \frac{1}{4}D + 67,5 = 0$$

$$D \cong 161 \text{ kPa}$$

3. La trayectoria de tensiones se puede ver en el gráfico siguiente

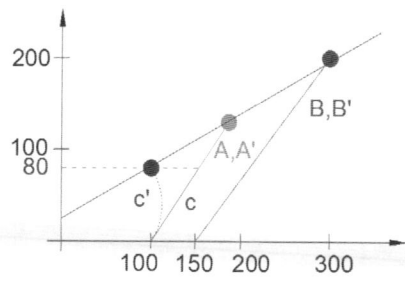

4. Al aumentar σ_1 en 110 kPa, se llega a un D = 160 kPa, pero como $\Delta u \cong \Delta D$ y el ΔD es 110 kPa, no llega a romper.

EJERCICIO 5.9

El perfil estratigráfico en una zona de marisma consiste en una arcilla que en profundidad está normalmente consolidada, pero que puede estar sobreconsolidada por desecación en su zona más superficial (hasta aproximadamente 4m de profundidad).

El peso específico (aparente y saturado) de la arcilla es de 17 kN/m³, y su ángulo de rozamiento interno (efectivo) es 25°. El nivel freático actual está 2m bajo de la superficie.

Para analizar la estabilidad de un terraplén para una carretera que se quiere construir, se toman muestras *inalteradas* de la arcilla, a 3 y 6 m de profundidad; y se ensayan también muestras del material arenoso con el que se pretende construir el terraplén.

1. Con la arena del terraplén se prepara una probeta para su ensayo en célula triaxial. El ensayo (tipo CD) se realiza con una presión de cámara de 600 kPa, y con presión de cola de 450 kPa. Se obtiene como resultado un Desviador (en rotura) de 300 kPa. Calcule los parámetros resistentes de la arena a la densidad del ensayo.

2. Con la muestra "inalterada" de arcilla tomada a 3 m, se realiza un ensayo triaxial tipo CU con una presión efectiva de consolidación de 250 kPa. Se obtiene un desviador en rotura de 256,62 kPa y un incremento de presión intersticial de 128,31 kPa. Calcule:

    (i) la cohesión efectiva de la arcilla a esa profundidad, por la desecación; y

    (ii) el parámetro A de Skempton.

3. Con la muestra *inalterada* de arcilla N.C. tomada a 6 m (no afectada por desecación previa), se realiza un ensayo triaxial tipo UU con una presión de cámara que
   no se pudo medir por un problema en la pantalla del dispositivo de lectura. Calcule
   la resistencia al corte sin drenaje que se obtendría, suponiendo A = 0,5.

4. Se decide construir el terraplén por etapas, de modo que primero se ejecutan
   1,5 m de relleno (peso específico aparente 20 kN/m³) que se dejan consolidar
   largo tiempo. Calcule la resistencia al corte sin drenaje que se obtendría en un
   ensayo triaxial con la muestra N.C. tomada a 6 m, ejecutado de este modo:

   (i) consolidación a la presión efectiva in situ (correspondiente a la situación
       tras el relleno parcial);

   (ii) etapa de rotura no drenada, con el mismo valor de A = 0,5. Además,
        explique conceptualmente (con ayuda de gráficos, trayectorias tensiona-
        les, etc.) por qué el valor ha de ser (mayor/igual/menor) que el calculado
        en el Apartado 3 anterior.

Solución

1. Ensayo CD

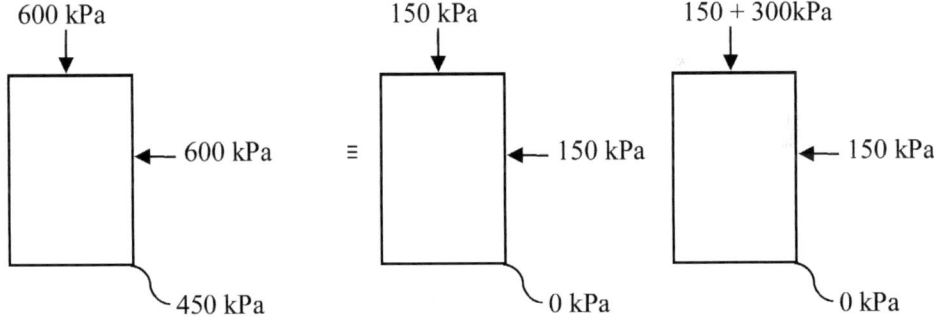

Al ser un suelo arenoso, $c' = 0$ kPa

Aplicando el criterio de rotura

$$\sigma'_1 = \lambda\sigma'_3 \rightarrow 450 = \lambda \cdot 150$$

$$\lambda = 3$$

Luego los parámetros resistentes de la arena son:

$$c' = 0 \text{ kPa}$$

$$\emptyset' = 30°$$

2. Ensayo CU en arcilla sobreconsolidada

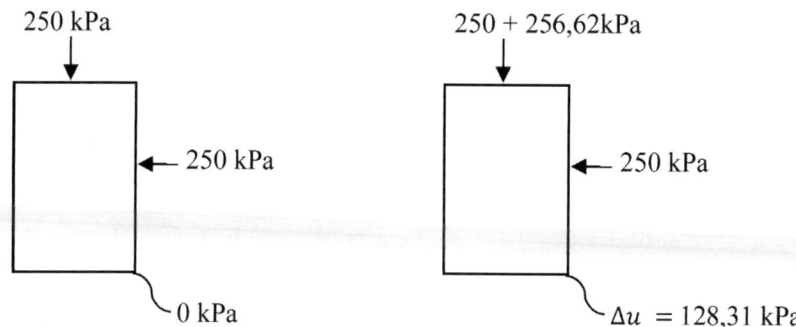

(i) Cohesión efectia de la arcilla

Las tensiones efectivas principales son:

$$\sigma_1' = \sigma_1 - u = 506{,}62\,\text{kPa} - 128{,}31\,\text{kPa} \rightarrow \sigma_1' = 378{,}31 \text{ kPa}$$

$$\sigma_3' = \sigma_3 - u = 250\,\text{kPa} - 128{,}31\,\text{kPa} \rightarrow \sigma_3' = 121{,}69 \text{ kPa}$$

Y además:

$$p' = \frac{(\sigma'_1 + \sigma'_3)}{2} = 250 \text{ kPa}$$

$$q = \frac{(\sigma'_1 - \sigma_{3'})}{2} = 128{,}31 \text{ kPa}$$

Para obtener c' se aplica la ecuación de rotura

$$q = c' \cdot \cos \emptyset' + p' \cdot \sin \emptyset'$$

$$128{,}31 = c' \cdot \cos 25° + 250 \cdot \sin 25°$$

$$c' = 25 \text{ kPa}$$

(ii) Parámetro A de Skempton

El parámetro de Skempton será:

$$\Delta u = A \cdot D \rightarrow A = \frac{\Delta u}{D} = \frac{128{,}31}{256{,}62}$$

$$A = 0{,}5$$

3.

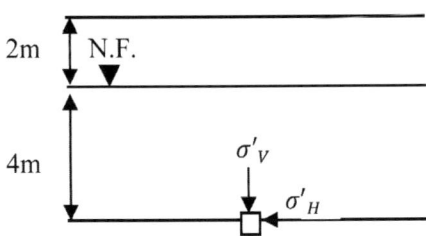

Del perfil estratigráfico se tiene que:

$$\sigma'_V = 2\text{m} \cdot 17\,\text{kN/m}^3 + 4\text{m} \cdot 7\,\text{kN/m}^3 = 62\,\text{kPa}$$

$$k_o = 1 - \sin(\emptyset') = 0{,}577$$

$$\sigma'_H = k_o \cdot \sigma'_V = 0{,}577 \cdot 62\,\text{kPa} = 35{,}8\,\text{kPa}$$

Ahora se realiza el ensayo UU en arcilla normalmente consolidada (N.C.) *inalterada*.

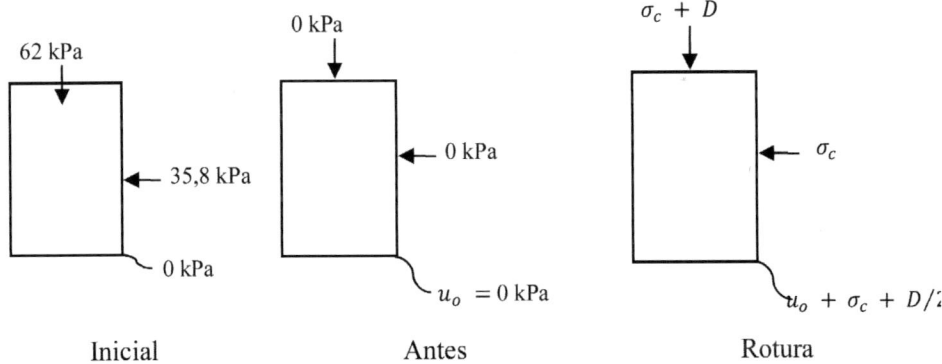

Al ser "inalterada" se tiene que:

$$\varepsilon_{vol} = 0 \rightarrow \sum_{i=1}^{3} \sigma'_i = cte$$

Luego la presión de cámara es:

$$62 + 2 \cdot 35{,}8 = -3u_o$$

$$u_o = -44{,}53\,\text{kPa}$$

Y las tensiones efectivas principales en rotura son:

$$\sigma_1' = \sigma_1 - u = \sigma_c + D - (u_o + \sigma_c + D/2) =$$

$$\sigma_1' = -u_o + D/2 = -(-44,53) + D/2 \rightarrow \sigma_1' = 44,53 + D/2$$

$$\sigma_3' = \sigma_1 - u = \sigma_c - (u_o + \sigma_c + D/2) =$$

$$\sigma_3' = 44,53 - D/2$$

Luego:

$$p' = \frac{(\sigma_1' + \sigma_3')}{2} = 44,53 \text{ kPa}$$

$$q = \frac{(\sigma_1' - \sigma_{3'})}{2} = D/2 \text{ kPa}$$

Y la resistencia al corte sin drenaje, S_u:

$$s_u = q = c' \cdot \cos\emptyset' + p' \cdot \sin\emptyset';$$

donde c' = 0 al ser arcilla N.C.

Luego
$$s_u = p' \cdot \sin\emptyset' = 44,53 \cdot \sin(25) \rightarrow s_u = 18,8\text{kPa}$$

4.

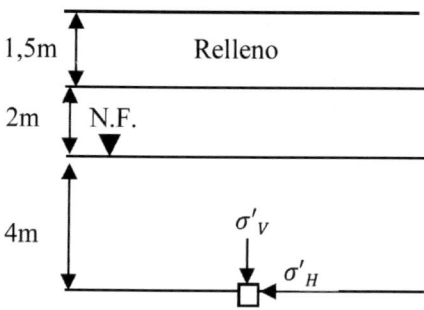

Del perfil estratigráfico se tiene que:

$$\sigma_V' = 2\text{m} \cdot 17\,\text{kN/m}^3 + 4\text{m} \cdot 7\,\text{kN/m}^3 + 1,5\text{m} \cdot 20\,\text{kN/m}^3 = 92\,\text{kPa}$$

$$k_o = 1 - \sin(\emptyset') = 0,577$$

$$\sigma_H' = k_o \cdot \sigma_H' = 0,577 \cdot 92\,\text{kPa} = 53,1\,\text{kPa}$$

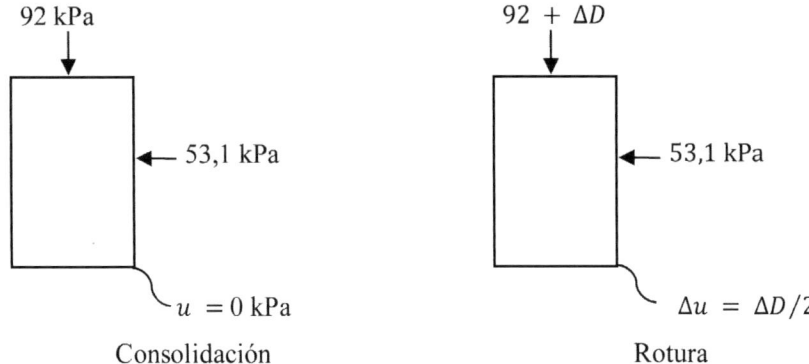

92 kPa

53,1 kPa

$u = 0$ kPa

Consolidación

92 $+ \Delta D$

53,1 kPa

$\Delta u = \Delta D/2$

Rotura

Las tensiones efectivas principales en rotura son:

$$\sigma_1' = 92 + \Delta D/2$$

$$\sigma_3' = 53,1 - \Delta D/2$$

Luego:

$$p' = \frac{(\sigma'_1 + \sigma'_3)}{2} = 72,55 \text{ kPa}$$

$$q = \frac{(\sigma'_1 - \sigma_{3'})}{2} = 19,45 + \Delta D/2$$

Y la resistencia al corte sin drenaje, S_u:

$$s_u = q = p' \cdot \sin \emptyset'$$

$$s_u = 72,55 \cdot \sin(25) = 30,66 \text{ kPa}$$

$$s_u = 30,66 \text{ kPa}$$

Es decir, el valor hallado es mayor que el valor del apartado anterior ($s_u = 18,8$kPa). Esto se debe principalmente a que la consolidación previa aumenta la resistencia s_u, tal como se ilustra en la siguiente figura de trayectoria de tensiones con A = 0,5.

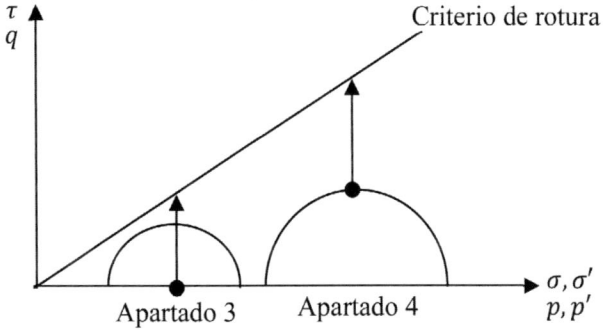

τ
q

Criterio de rotura

σ, σ'
p, p'

Apartado 3   Apartado 4

EJERCICIO 5.10

En un terreno estratificado con el perfil y propiedades de la Figura, se toman muestras inalteradas en los puntos indicados. Las propiedades conocidas sobre los materiales también se indican en la figura siguiente; nótese que un mismo material (Arcilla 1) aparece por encima y por debajo de otra arcilla (Arcilla 2), a diversas profundidades dentro del perfil.

Muestra	Prof [m]
A	-2m
B	-4m
C	$-5,5$m
D	-7m
E	-8m

Arena
$\gamma_{ap} = 18 \,\text{kN/m}^3$

Arcilla 1
(*Idem* a Arcilla 1 más abajo)

Arcilla 2
$\gamma_{sat} = 20 \,\text{kN/m}^3$
$c' = $ Desconocido
$\phi' = $ Desconocido

Arcilla 1
$\gamma_{sat} = 20 \,\text{kN/m}^3$
$c' = 0 \,\text{kPa}$
$\phi' = 30°$

Se pide:

1. Con las muestras extraídas en C ($-5,5$ m) y D (-7 m) se realizan dos ensayos triaxiales CU (Ensayos 1 y 2). Durante la consolidación la presión de cola se mantuvo en 600 kPa, y la presión de cámara fue de 700 kPa y 800 kPa, respectivamente.

    Después se aplicó un desviador, que alcanzó en rotura valores de 109 kPa y de 187,2 kPa, respectivamente, cuando el incremento de presión intersticial (i.e., ya descontada la presión de cola inicial) era de 54,5 kPa y 93,6 kPa.

    ¿Cuáles son los parámetros resistentes de la Arcilla 2? ¿Cuánto vale el parámetro A de Skempton?

2. Con la muestra inalterada extraída en el punto B (-4 m), se realiza un ensayo triaxial de tipo UU (Ensayo 3).

    ¿Cuál será su resistencia al corte sin drenaje? Supóngase que el parámetro A de Skempton es el correspondiente a asumir comportamiento elástico hasta rotura.

Nota. Puede suponerse en los cálculos que $\gamma_w = 10 \,\text{kN/m}^3$.

Solución

1.

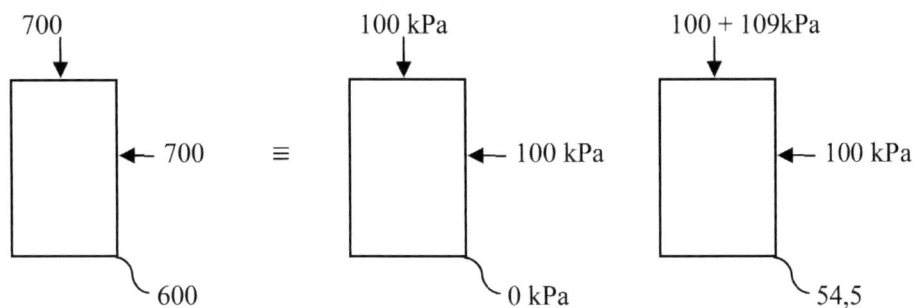

Ensayo CU-Ensayo 1

Se calculan las tensiones efectivas en el momento de la rotura

$$\sigma' = \sigma - u$$

$$\sigma'_1 = 209 - 54,5 = 154,5 \text{ kPa}$$

$$\sigma'_3 = 100 - 54,5 = 45,5 \text{ kPa}$$

Luego:

$$p' = \frac{(\sigma'_1 + \sigma'_3)}{2} = 100 \text{ kPa}$$

$$q = \frac{(\sigma'_1 - \sigma_{3'})}{2} = 54,5 \text{ kPa}$$

Al ser un suelo arenoso, $c' = 0$ kPa

Aplicando el criterio de rotura

$$q = c' \cdot \cos \emptyset' + p' \cdot \sin \emptyset' \, ;$$

donde c' = 0, al ser un suelo arenoso

$$q = p' \cdot \sin \emptyset'$$

$$54,5 = 100 \sin \emptyset' \rightarrow \emptyset' = 33°$$

Y el parámetro de Skempton:

$$\Delta u = B \left[\Delta \sigma_3 + A \cdot D \right] = 54,5 = 1 \left[0 + A \cdot 109 \right]$$

$$A = 1/2$$

2. Del perfil estratigráfico se tiene que:

$$\sigma'^B_V = 3m \cdot 18\,kN/m^3 + 1m \cdot 10\,kN/m^3 = 64\,kPa$$

$$k_o = 1 - \sin(\emptyset') = 0,5$$

$$\sigma'^B_H = k_o \cdot \sigma'_H = 0,5 \cdot 64\,kPa = 32\,kPa$$

Y al extraer la muestra del terreno las tensiones totales desaparecen

$$\sigma_1 = \sigma_2 = \sigma_3 = 0$$

Luego, para el Ensayo 3

	Antes (terreno)	Muestra	Consolidación	Rotura
σ_1 (kPa)	74	0	P	P + D
σ_3 (kPa)	42	0	P	P
u (kPa)	10	$-u_r$	$P - u_r$	$P - u_r + \Delta u$
σ'_1 (kPa)	32	u_r	u_r	$D + u_r - \Delta u$
σ'_3 (kPa)	64	u_r	u_r	$u_r - \Delta u$
p'(kPa)		u_r	u_r	$(D/2) + u_r - \Delta u$
q(kPa)		0	0	$D/2$

Al no haber cambio de volumen:

$$\varepsilon_{vol} = 0 \rightarrow (64 - u_r) + 2(32 - u_r) = 0$$

$$u_r = 42{,}67\,kPa$$

Según la Ley de Skempton

$$\Delta u = B[\Delta\sigma_3 + A(\Delta\sigma_1 - \Delta\sigma_3)]$$

Siguiendo la hipótesis de suelo saturado y comportamiento elástico hasta rotura:

$$B = 1$$

y

$$A = 1/3$$

$$\Delta u = \frac{D}{3}$$

Aplicando el criterio de rotura

$$q = c' \cdot \cos \emptyset' + p' \cdot \sin \emptyset'$$

según datos del problema la arcilla tiene

$$c' = 0$$

y

$$\emptyset' = 30°$$

Luego,

$$q = p' \cdot \sin \emptyset'$$

$$\frac{D}{2} = \left(\frac{D}{2} + u_r - \frac{D}{3}\right) \cdot \sin 30$$

$$\frac{D}{2} = \left(\frac{D}{6} + 42{,}67\right) \cdot \frac{1}{2}$$

$$D = 51{,}2 \text{ kPa}$$

Y la resistencia al corte sin drenaje será:

$$s_u = D/2$$

$$s_u = 25{,}6 \text{ kPa}$$

Capítulo **6**

SUELOS PARCIALMENTE SATURADOS

EJERCICIO 6.1

A una capa de 20 m de espesor de arcilla limosa, se le pueden asignar las siguientes propiedades como representativas de todo el estrato:

$\gamma_{ap} = 18,5$ kN/m^3.

$e = 0,40$.

$v = 0,35$ $\qquad \chi = 0,5$.

$D_{10} = 1,2$ μm.

La presión del aire se supondrá igual a la atmosférica y el nivel freático se sitúa a 20 m de profundidad. Suponiendo que existe en el terreno un fenómeno de capilaridad. Se pide, calcular las tensiones totales (verticales y horizontales) y efectivas (verticales y horizontales) en los puntos situados a las profundidades siguientes: A ($z = 8$ m), B ($z = 16$ m) y C ($z = 20$ m).

Nota. Constante $c = 10$ mm^2. Se puede suponer constante el peso específico del terreno en todo el espesor del estrato.

Solución

1. Capilaridad. En primer lugar, se debe estimar el ascenso del agua debido al efecto de la capilaridad. Es función de una contante C, del índice de huecos y del diámetro eficaz. Por tanto, la altura de ascenso capilar sería:

$$h_c = \frac{C}{e\,D_{10}} = \frac{10 \; mm^2}{0,4 \cdot 0,0012 \; mm} = 20833,3 \text{ mm} \rightarrow 20,8 \text{ m}$$

La altura de ascenso capilar (20,8 m) supera al espesor del estrato (20 m). Por tanto, podemos suponer que en todo el estrato existe agua debido al efecto de la capilaridad.

Las presiones intersticiales por encima del nivel freático, en la zona capilar se obtienen mediante la siguiente ley

$$u_w = -\gamma_w \cdot z$$

siendo z la altura sobre el nivel freático.

Punto A: $u_w = -12 \cdot 10 = -120$ kPa

Punto B: $u_w = -4 \cdot 10 = -40$ kPa

Punto C: $u_w = 0$

Para calcular el resto de tensiones se deben emplear las siguientes expresiones:

- Tensión vertical total

$$\sigma = \gamma y$$

siendo el parámetro y la profundidad desde la superficie del terreno.

- Tensión vertical efectiva de acuerdo a la expresión de Bichop

$$\sigma'_{vA} = (\sigma_v - u_a) + \chi (u_a - u_w)$$

Como no se dice nada en el enunciado sobre la presión del aire se puede suponer que u_a es igual a cero (es decir, la presión atmosférica).

- Tensión horizontal total (si se realiza la hipótesis de suelo elástico con un comportamiento edométrico)

$$\frac{\sigma_h - u_a}{\sigma_v - u_a} = \frac{v}{1-v} - \frac{1-2\cdot v}{1-v} \frac{\chi \cdot (u_a - u_w)}{(\sigma_v - u_a)}$$

Despejando el valor de la tensión total horizontal tenemos:

$$\sigma_h = \sigma_v \frac{v}{1-v} - \frac{1-2\cdot v}{1-v} \cdot \frac{\chi \cdot (-u_w)}{(\sigma_v)}$$

- Tensión horizontal efectiva (igual que en suelos saturados)

$$\sigma'_h = k_0 \cdot \sigma'_v$$

Aplicamos ahora estas expresiones en los puntos A, B y C:

— Punto A

$$\sigma_{vA} = 8 \cdot 18,5 = 148 \text{ kPa}$$

$$u_{wA} = -120 \text{ kPa}$$

$$\sigma'_{vA} = (\sigma_v - u_a) + \chi (u_a - u_w) = 8 \cdot 18,5 + 0,5 \, (+120) = 208 \text{ } kPa$$

$$\sigma_{hA} = 148 \left[\frac{0,35}{0,65} - \frac{0,3}{0,65} \frac{0,5 \cdot 120}{148} \right] = 148 \left[0,5838 - 0,46 \frac{0,5 \cdot 120}{148} \right] = 52 \text{ kPa}$$

$$\sigma'_{hA} = k_0 \cdot \sigma'_v = \frac{v}{1-v} \cdot \sigma'_v = \frac{0,35}{0,65} \cdot 208 = 112 \text{ } kPa$$

— Punto B

$$\sigma_{vB} = 16 \cdot 18,5 = 296 \ kPa$$

$$u_B = -40 \ kPa$$

$$\sigma'_{vB} = 296 + 0,5 \ (40) = 316 \ kPa$$

$$\sigma_{hB} = 296 \left[0,538 - 0,46 \frac{0,5 \cdot 40}{296} \right] = 150,15 \ kPa$$

$$\sigma'_{hB} = \frac{\nu}{1-\nu} \cdot \sigma'_v = \frac{0,35}{0,65} \cdot 316 = 170 \ kPa$$

— Punto C

$$\sigma_{vc} = 20 \cdot 18,5 = 370 \ kPa = \sigma'_{vc}$$

$$\sigma_{Hc} = 370 \cdot 0,538 = 199 = \sigma'_{Hc}$$

En este último caso como el punto se sitúa sobre el nivel freático se calcula como si estuviera saturado. Al estar el punto C en el nivel freático la presión intersticial es nula, $u_c = 0$.

EJERCICIO 6.2

En un terreno el nivel freático se sitúa a 5 m de profundidad respecto a la superficie, observándose que se produce un fenómeno de capilaridad en todo su espesor.

Se toma una muestra del mismo en el punto, A a 2,5 m de profundidad y se ensaya en laboratorio obteniéndose los siguientes datos:

$S_r = 70\%$;

$G_s = 2,65$;

$\gamma_d = 16 \ kN/m^3$;

$\nu = 0,3$;

$\phi' = 20°$

Suponiendo que este punto es representativo de la zona por encima del nivel freático y que se supone que el suelo presenta un comportamiento elástico y edométrico, se pide:

1. Tensión vertical efectiva.

2. Tensión horizontal efectiva.

3. Tensión horizontal total.

4. Valor mínimo de la cohesión en el punto A para que no se produzca la plastificación del mismo.

Nota. Se puede suponer que $\chi = S_r$.

Solución

1. Para calcular la tensión efectiva es necesario obtener el peso específico aparente para un grado de d saturación de $S_r = 70\%$.

Conocido el peso específico seco es posible obtener el valor del índice de huecos (e)

$$\gamma_d = 16 \ \frac{kN}{m^3} = \frac{\gamma_s}{1+e} = \frac{2,65 \cdot 10}{1+e}$$

$$e = 0,656$$

Como el grado de saturación es del 70% es posible determinar el índice de huecos llenos de agua

$$S_r = 0,7 = \frac{e_w}{e}$$

$$e_w = 0,656 \times 0,7 = 0,4592$$

Y con este valor es posible obtener el peso específico aparente

$$\gamma_{ap} = \frac{2,65 + 0,4592 \cdot 10}{1 + 0,656} \cong 18,77 \ kN/m^3$$

El valor de la tensión vertical efectiva a 2,5 m de profundidad se puede obtener con la siguiente expresión

$$\sigma'_v = (\sigma_v - u_a) + \chi (u_a - u_w)$$

Se indica en el enunciado que $\chi = S_r$

$$\chi = 0,70$$

La tensión total vertical es el peso del terreno sobre el punto estudiado

$$\sigma_v = 18,77 \cdot 2,5 = 46,93 \ kPa$$

Como el nivel freático está a 5 m de profundidad, el punto estudiado está a 2,5 m sobre el nivel freático. Con estos datos, la presión intersticial es:

$$u_w = -2,5 \cdot 10 = -25 \text{ kPa}$$

Con todos los datos anteriores, la tensión vertical efectiva resulta

$$\sigma'_V = (46,93 - 0) + 0,7 \,(0 + 25) = 64,44 \text{ kPa}$$

2. Para calcular la tensión horizontal efectiva se obtiene a partir del coeficiente de empuje al reposo

$$\sigma'_h = k_0 \cdot \sigma'_v = \frac{v}{1-v} \cdot \sigma'_v = 64,44 \, \frac{0,3}{1-0,3} = 27,61 \, kPa$$

3. La tensión total horizontal se obtiene mediante la siguiente expresión:

$$\sigma_h = \sigma_v \frac{v}{1-v} - \frac{1-2 \cdot v}{1-v} \cdot \frac{\chi \cdot (-u_w)}{(\sigma_v)}$$

$$\sigma_H = 49,93 \cdot \left[\frac{0,3}{1-0,3} - \frac{1-20,3}{1-0,3} \frac{0,7 \cdot 25}{46,93} \right]$$

$$\sigma_h = 49,93 \,(0,4286 - 0,2131) = 10,76 \text{ kPa}$$

4. La plastificación del terreno se producirá cuando la tensión de corte sea igual a la de rotura.

La tensión de corte en un suelo no saturado viene dada por la siguiente expresión propuesta por Fredlund y Morgenstern.

$$\tau = c' + \left[(\sigma - u_a) \cdot \tan \varphi' + \chi \cdot (u_a - u_w) \cdot \tan \varphi' \right]$$

Y, por tanto, c* (cohesión aparente) sería:

$$c^* = c' + \left[\chi \cdot (u_a - u_w) \cdot \tan \varphi' \right]$$

La expresión del criterio de rotura en suelos no saturados

$$q = p' \, sen \, \phi + c^* \, cos \, \phi$$

donde p' y q son la semisuma y semidiferencia de las tensiones principales:

$$p' = \frac{46,93 + 10,76}{2} = 28,84 \text{ kPa}$$

$$p' = \frac{46,93 - 10,76}{2} = 18,08 \text{ kPa}$$

$$p' = \frac{64,44 + 27,61}{2} = 46,025 \, kPa$$

$$q = \frac{64,44 - 27,61}{2} = 18,41 \, kPa$$

sustituyendo estos valores en el criterio de rotura indicado anteriormente se tiene

$$18,41 = 46,025 \, sen \, 20° + c^* \, cos \, 20°$$

Por tanto, podemos obtener el valor de la cohesión aparente c^*

$$18,08 = 18,84 \, sen \, 20° + c^* \, cos \, 20°$$

$$c^* = 12,38$$

Y con el valor de la cohesión aparente es posible determinar la tensión efectiva del terreno.

$$c^* = c' + 0,7 \, tg \, 20° \cdot 25$$

$$c^* = c' + 6,369 = 12,38$$

$$c' = 6,01 \text{kPa}$$

EJERCICIO 6.3

Un terreno horizontal con el nivel freático a 3 m de profundidad está constituido por un suelo con partículas finas. De manera aproximada, se puede suponer que por encima del nivel freático el terreno presenta las siguientes propiedades geotécnicas:

$\gamma_{ap} = 19,5 \ kN/m^3$;

$S_r = 80\%$;

$D_{10} = 8,33 \ \mu \ m$;

$e = 0,8$;

$C = 0,1 \ cm^2$

Se toma una muestra a 1 m de profundidad (punto A) y otra a 2 m de profundidad (punto B) para su ensayo en laboratorio en un equipo de corte directo. Cada una de ellas se ensaya con la succión y tensión vertical efectiva que tenían in situ, obteniendo que la resistencia al corte en rotura para la muestra del punto A es de 20,37 kPa y para el punto B de 35 kPa.

Se pide: determinar los parámetros resistentes del suelo: c', ϕ' y ϕ_b.

Nota. Suponga que la presión del aire del suelo es igual a la atmosférica y que $\gamma_w = 10 \ kN/m^3$.

Solución

En primer lugar, es necesario establecer la altura a la que se produce el ascenso capilar del agua. Para ello, se emplea la siguiente expresión

$$h_c = \frac{C}{e \cdot D_{10}}$$

donde

h_c, es la altura de ascenso capilar.

e, es el índice de huecos.

D_{10}, es el diámetro eficaz del suelo.

C, es una constante que depende del tipo de suelo (granulometría, naturaleza...).

Empleando los datos del enunciado se obtendría:

$$h_c = \frac{C}{e \cdot D_{10}} = \frac{0,1 \cdot 10^{-4} \ m^2}{0,8 \cdot 8,33 \cdot 10^{-6} \ m} = 1,5 \ m$$

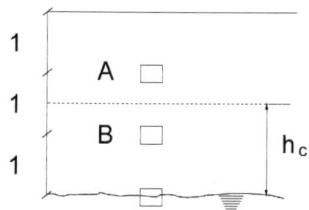

En el punto A no hay succión puesto que quedaría por encima de la altura de ascenso capilar.

En el punto B al situarse por encima del nivel freático la succión es igual a 10 kPa.

En el enunciado se facilitan los resultados de los ensayos de corte directo realizados con las muestras del punto A y B.

La condición de rotura en el ensayo de corte directo viene dada por la siguiente expresión propuesta por Fredlund y Morgenstern.

$$\tau = c' + (u_a - u_w)\ tg\ \phi_b + (\sigma - u_a)\ tg\ \phi'$$

donde c' y ϕ' son los parámetros resistentes en tensiones efectivas de acuerdo con el criterio de Mohr-Coulomb.

$$tg\ \phi_b = \chi\ tg\ \phi$$

siendo

χ, se puede considerar igual al grado de saturación del terreno.

u_a, presión del aire.

u_w, presión intersticial.

$$\text{Punto A: } 20{,}37 = c' + 19{,}5 \cdot \tan \phi'$$

$$\text{Punto B: } 35 = c' + (0 - (-10))\ 0{,}8 \tan \phi' + 39 \cdot \tan \phi'$$

Como se dispone de dos ecuaciones con dos incógnitas, se puede resolver el sistema obteniendo los siguientes valores:

$$c' = 10\ kPa$$

$$\phi' = 28°$$

Conocido el valor de ϕ' se puede obtener que $\phi'_b = 23°$.

EJERCICIO 6.4

En un estrato de arena, el nivel freático se encuentra a 2 m por debajo de la superficie que es horizontal. Si la arena tiene la curva de características de retención de agua mostrada en la figura, se pide:

1) Establecer a qué profundidad desde la superficie el grado de saturación es del 100%.

2) Si el peso específico saturado de la arena es de 21 kN/m^3 y el peso específico relativo de las partículas es $G_s = 2,65$.

     a) ¿cuál es la densidad aparente cuando el grado de saturación es del 20%?

     b) ¿cuál es la humedad en ese caso?

3) ¿Cuál es la resistencia al corte máxima (en kPa) que puede resistir ese estrato de arena en un plano horizontal a 1 metro de profundidad, si no hay sobrecarga en superficie, y el ángulo de rozamiento de la arena es $\phi' = 35$?

Nota. Considerar que $\chi = S_r$.

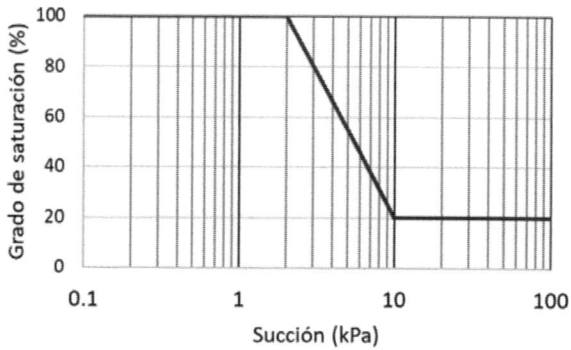

Solución

1. Según se puede ver en la figura del enunciado si la succión es inferior a 2 kPa, el grado de saturación es del 100%. Por tanto, es necesario conocer hasta a que altura se alcanza el valor de succión (s) igual a 2 kPa.

$$s = u_a - u_w$$

Considerando que la presión del aire es nula resultaría que la succión es igual a la presión isostática

$$- u_w = 2$$

Y como $u_w = -z \, \gamma_w$,

siendo z la altura sobre el nivel freático (N.F.).

$$z \cdot 10 = 2$$

$$z = 0,2 \text{ m (20 cm sobre el N.F.)}$$

Está saturado el terreno hasta 1,8 m de profundidad

2. En el enunciado se facilita el valor de γ_{sat} y G_s.

$$\gamma_{sat} = 21\frac{kN}{m^3}$$

$$G = 2,65$$

Conocido el valor del peso específico relativo de las partículas (G_s) se puede obtener el peso específico de las partículas:

$$\gamma_s = G\,\gamma_w$$

El valor de γ_{sat} se puede expresar mediante la siguiente formulación:

$$\gamma_{sat} = \frac{1\,G\,\gamma_w + e\,\gamma_w}{1 + e} = \frac{(G + e)}{(1 + e)}\,\gamma_w$$

Sustituyendo

$$21 = \frac{2,65 \cdot 10}{1 + e}$$

Por lo que resulta que $e = 0,5$.

Como el grado de saturación es $S_r = 20$ % se conoce la relación entre el índice de huecos y el índice de huecos llenos de agua:

$$S_r = \frac{e_w}{e} = 0,2$$

La humedad es el cociente entre el peso del agua y el peso del suelo.

$$\gamma_{ap} = \frac{1\,G\,\gamma_w + S_r \cdot e\,\gamma_w}{1 + e} = \frac{2,65 \cdot 10 + 0,2 \cdot 0,5 \cdot 10}{(1 + 0,5)} = 18,33\frac{kN}{m^3}$$

$$w = \frac{e_w\gamma_w}{G\,\gamma_w} = \frac{0,1}{2,65} = 0,0377\ (3,77\%)$$

3. A un metro de profundidad, es decir 80 cm por encima del nivel se saturación la succión es mayor que 10 kPa por lo que el grado de saturación es $S_r = 0,2$.

La tensión total se calcula con el peso específico correspondiente a un grado de saturación del 20% (18,33 kN/m³).

$$\sigma = \gamma_{ap}\,z = 18,33 \cdot 1 = 18,3\ kPa$$

Para obtener la resistencia al corte se emplea la ley propuesta por Fredlund y Morgenstern.

$$\tau = c' + (u_a - u_w)\, tg\, \phi_b + (\sigma - u_a)\, tg\, \phi'$$

Como el enunciado indica que

$$\chi = S_r \quad y \quad tg\, \phi_b = \chi\, tg\, \phi,$$

resultaría:

$$\tau_{min} = (c' + (u_a - u_w)\, tg\, \phi_b) + \sigma\, tg\, \phi'$$

Como es una arena se puede considerar nula la cohesión. Y la presión intersticial, al estar situado el plano un metro por encima del nivel freático, sería igual a:

$$u_w = -z\, \chi_w = -1 \cdot 10 = 10$$

Resultando

$$\tau_{max} = ((u_a - u_w)\, \chi + \sigma) + tg\, \phi' = (10 \cdot 0,2 + 18,3)\, tg\, (35°)$$

$$\tau_{max} = 14,2\ kPa$$

EJERCICIO 6.5

Se ha realizado un ensayo triaxial en condiciones no saturadas con cuatro probetas preparadas con un suelo limoso. Dos muestras fueron ensayadas con una succión de 10 kPa y dos con 70 kPa. Los resultados de los ensayos han sido los siguientes:

Test 1. Desviador de rotura: $(\sigma_1 - u_a) = 60\ kPa$

Presión de confinamiento: $(\sigma_3 - u_a) = 14\ kPa$

Succión: $(u_a - u_w) = 10\ kPa$

Test 2. Desviador de rotura: $(\sigma_1 - u_a) = 108\ kPa$

Presión de confinamiento: $(\sigma_3 - u_a) = 28\ kPa$

Succión: $(u_a - u_w) = 10\ kPa$

Test 3. Desviador de rotura: $(\sigma_1 - u_a) = 115\ kPa$

Presión de confinamiento: $(\sigma_3 - u_a) = 14\ kPa$

Succión: $(u_a - u_w) = 70\ kPa$

Test 4.   Desviador de rotura: $(\sigma_1 - u_a) = 160$ kPa

Presión de confinamiento: $(\sigma_3 - u_a) = 28$ kPa

Succión: $(u_a - u_w) = 70$ kPa

Se pide determinar los parámetros resistentes c', ϕ' y ϕ_b.

Solución

El criterio de rotura sería el propuesto por Fredlund y Morgenstern

$$\tau = c' + (\sigma' - u_a)\ tg\ \phi + (u_a - u_w)\ tg\ \phi_b$$

Para un mismo valor de la succión $(u_a - u_w)$ si tenemos dos círculos se puede obtener c^* y ϕ', siendo c^* la cohesión aparente del suelo y ϕ' el ángulo de rozamiento.

$$\tau = \underbrace{c' + (u_a - u_w)\ tg\ \phi_b}_{c^*} + (\sigma - u_a)\ tg\ \phi$$

$$\tau = c_1 + (\sigma' - u_w)\ tg\ \phi$$

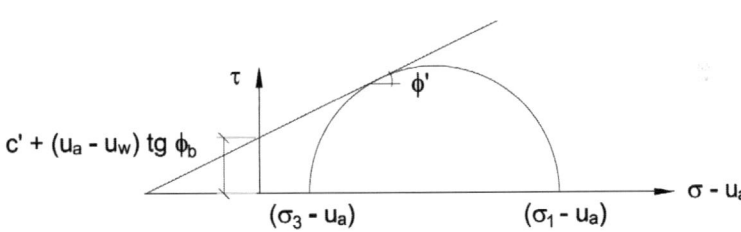

El criterio de rotura para analizar el ensayo triaxial sería similar al empleado para suelos saturados.

$$q^* = p^*\ sen\ \phi + c^*\ cos\ \phi$$

siendo:

$$p^* = \frac{\sigma_1 - u_a + \sigma_3 - u_a}{2} = \frac{\sigma_1 - \sigma_3}{2} \cdot u_a = p - u_a$$

$$q^* = \frac{(\sigma_1 - u_a) - (\sigma_3 - u_a)}{2} = \frac{\sigma_1 - \sigma_3}{2} = q$$

c^* = cohesión aparente del material. Sería la suma de la contribución de la cohesión real del terreno y la cohesión aparente que aporta la succión.

Los ensayos se han realizado para dos succiones diferentes. Y para cada una de ellas se han realizado dos ensayos triaxiales.

Para un valor de la succión $(u_a - u_w)$ igual 10 kPa tenemos los resultados de dos muestras.

$$23 = 37 \operatorname{sen} \phi + c^* \cos \phi$$

$$40 = 68 \operatorname{sen} \phi + c^* \cos \phi$$

Resolviendo el sistema de dos ecuaciones con dos incógnitas tenemos:

$$17 = 31 \operatorname{sen} \phi$$

$$\operatorname{sen} \phi' = 0{,}548$$

$$\phi' = 33{,}25°$$

$$c^* = 3{,}24 \text{ kPa}$$

Para un valor de la succión $(u_a - u_w)$ de 70 kPa tenemos los resultados de otros dos ensayos.

$$50{,}5 = 64{,}5 \operatorname{sen} \phi + c^{**} \cos \phi$$

$$66 = 94 \operatorname{sen} \phi + c^{**} \cos \phi$$

Resolviendo el sistema de dos ecuaciones con dos incógnitas, se tiene que:

$$15{,}5 = 29{,}5 \operatorname{sen}$$

$$\phi' = 0{,}525$$

$$\phi' = 31{,}69°$$

$$c^{**} = 19{,}53 \text{ kPa}$$

Teóricamente el valor del ángulo de rozamiento interno de un suelo es independiente de la succión. En este caso el valor es similar pero no idéntico. Se ha adoptado como criterio tomar el valor medio

$$\phi' = \frac{33{,}25 + 31{,}69}{2} = 32{,}47°$$

Una vez establecido el valor medio del ángulo de rozamiento se obtiene el valor de la cohesión aparente para cada uno de los casos

Para una succión $(u_a - u_w)$ de 10 kPa.

$$1^{\text{a}} \text{ ecuación: } c^* = \frac{23 - 37\, sen\, \phi}{cos\, \phi} = \frac{23 - 37\, sen\, 32,47^{\circ}}{cos\, 32,47^{\circ}} = \frac{3,13}{cos\, 32,47^{\circ}} = 3,72 \text{ kPa}$$

$$2^{\text{a}} \text{ ecuación: } c^* = \frac{40 - 68\, sen\, \phi}{cos\, \phi} = \frac{40 - 68\, sen\, 32,47^{\circ}}{cos\, 32,47^{\circ}} = 4,14 \text{ kPa}$$

Los resultados deberían ser idénticos desde el punto de vista teórico. Como no es el mismo valor en ambas ecuaciones se toma el valor medio

$$c^* = \frac{3,72 + 4,14}{2} = 3,93\ kPa$$

De manera análoga se analiza el valor de la cohesión aparente cuando la succión $(u_a - u_w)$ es 70 kPa

$$1^{\text{a}} \text{ ecuación: } c^* = \frac{50,5 - 64,5\, sen\, 32,47^{\circ}}{cos\, 32,47^{\circ}} = \frac{15,53}{cos\, 32,47^{\circ}} = 18,41 \text{ kPa}$$

$$2^{\text{a}} \text{ ecuación: } c^* = \frac{66 - 94\, sen\, 32,47^{\circ}}{cos\, 32,47^{\circ}} = 18,81 \text{ kPa}$$

$$c^{**} = \frac{18,41 + 18,81}{2} = 18,61 \text{ kPa}$$

Una vez establecido ese valor medio se puede conocer la cohesión real del suelo y el ángulo ϕ_b que es el ángulo de fricción y es igual a la pendiente de la curva de succión (abscisas contra la resistencia al cortante)

$$3,93 = c' + 10 \text{ tg } \phi_b$$

$$18,61 = c' + 70 \text{ tg } \phi_b$$

Resolviendo, se obtiene ϕ_b

$$14,68 = 60\ tg\ \phi_b$$

$$tg\ \phi_b = 0,2447$$

$$\phi_b = 13,74^{\circ}$$

Y sustituyendo se obtiene el valor de c'

$$c' = 1,48 \text{ kPa}$$

En resumen, los parámetros geotécnicos serían:

$$\phi' = 32,47^{\circ}$$

$$c' = 1,48 \text{ kPa}$$

$$\phi_b = 13,74^{\circ}$$

EJERCICIO 6.6

Para conocer la resistencia de un suelo limoso no saturado se dispone de 4 muestras que fueron ensayadas en un equipo de corte directo modificado que permitía el control de la succión.

Los estados tensionales en rotura fueron los siguientes:

Ensayo 1: $(u_a - u_w) = 0$ kPa; $\tau = 80$ kPa; $(\sigma - u_a) = 150$ kPa

Ensayo 2: $(u_a - u_w) = 0$ kPa; $\tau = 150$ kPa; $(\sigma - u_a) = 300$ kPa

Ensayo 3: $(u_a - u_w) = 400$ kP;a $\tau = 222$ kPa; $(\sigma - u_a) = 150$ kPa

Ensayo 4: $(u_a - u_w) = 400$ kP;a $\tau = 289$ kPa; $(\sigma - u_a) = 300$ kPa

Se pide determinar los parámetros resistentes c', ϕ' y ϕ_b a partir de los resultados de los ensayos considerando aplicable el criterio de Fredlund y Morgenstern (generalización del criterio de Mohr-Coulomb).

Solución

Para la interpretación de los ensayos se va a emplear el valor de la resistencia al corte dado por la ley de Fredlund y Morgenstern

$$\tau = c' + (u_a - u_w)\, tg\, \phi_b + (\sigma - u_a)\, tg\, \phi'$$

Para el caso de succión $(u_a - u_w)$ es igual a

$$(1) \qquad 80 = c_1^* + 150\, tg\, \phi'$$

$$(2) \qquad 150 = c_1^* + 300\, tg\, \phi'$$

$$\left.\vphantom{\begin{array}{c}1\\1\end{array}}\right\} \qquad \phi' = 25° \quad \rightarrow \quad c_1^* = 10 \text{ kPa}$$

Si la succión $(u_a - u_w)$ es igual a 400 kPa

$$(3) \qquad 222 = c_2^* + 150\, tg\, \phi'$$

$$(4) \qquad 289 = c_2^* + 300\, tg\, \phi'$$

$$\left.\vphantom{\begin{array}{c}1\\1\end{array}}\right\} \qquad \phi' \cong 24° \quad c_2^* = 155 \text{ kPa}$$

Se puede tomar como valor de ϕ' el valor medio $\phi' \cong 24,5°$.

Para calcular la cohesión del terreno, partiendo de la solución del sistema de (1) y (2) donde no hay succión u, por tanto, resultaría

$$c^* = c' + (u_a - u_w)\, tg\ \phi_b$$

$$c_1^* = 10\ kPa = c' + 0 \cdot tg\ \phi'_b$$

$$c' = 10\ kPa$$

El valor del parámetro ϕ'_b se podría obtener a partir de (3) y (4)

$$c_2^* = 155 = c' + 400\ tg\ \phi_b$$

$$\phi_b = 19,9°$$

EJERCICIO 6.7

Suponiendo que la altura máxima que puede tener la torre de un castillo de arena viene dada por la expresión H_{crit} (m) $= 0,2\ c^*$, donde c^*, en kPa, es la cohesión aparente de la arena parcialmente saturada de acuerdo con el criterio de Morgestern-Fredlund), que el ángulo de rozamiento de la arena es 32° y que la curva de retención de esa arena es la siguiente:

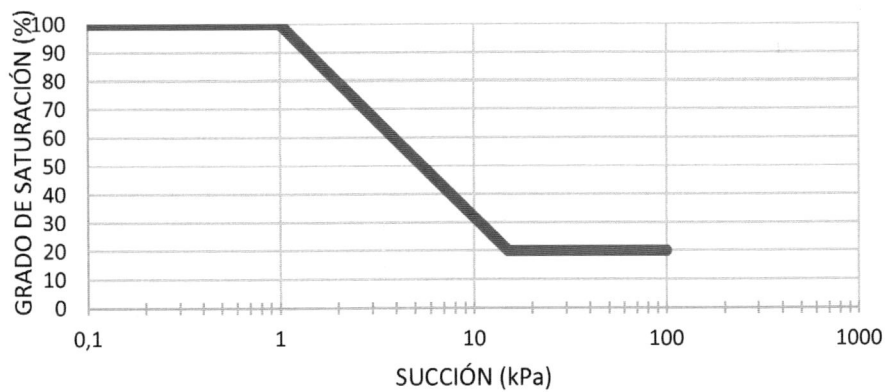

Se pide:

1. ¿Cuál es la altura máxima que puede tener la torre de un castillo construida con esa arena cuando el grado de saturación es del 50%? (supóngase que la arena parcialmente saturada está en estado de equilibrio de acuerdo con la curva de retención característica).

2. ¿Y cuál es la altura máxima que puede tener si la arena está seca?

Solución

1. Para un grado de saturación $S_r = 50$ %, según la curva de retención del enunciado la succión es igual a

$$s = 5 \text{ kPa.}$$

El valor de la cohesión aparente, de acuerdo con el criterio de Morgestern-Fredlund, sería

$$c^* = c' + s \tan\phi_b = c' + s \cdot \chi \cdot \tan\phi' \, c^* = c' + s \cdot \tan\phi_b$$

Como se arena se puede considerar nula la cohesión. Sustituyendo el resto de valores

$$c^* = c' + s \cdot \chi \cdot \tan\phi' = 0 + 5{,}0 \times 0{,}5 \times \tan 32 = 1{,}56 \text{ kPa}$$

La altura máxima de la torre del castillo de arena resultaría:

$$H_{crit} = 0{,}2 \times 1{,}56 = 0{,}31 \, m = 31 \text{ cm}$$

2. Como la arena no tiene cohesión, si la arena estuviera seca no existiría succión. Por tanto, no la cohesión aparente sería nula y no se podría construir la torre.

EJERCICIO 6.8

En un estrato de arena el nivel freático se sitúa a 3 m de profundidad. Se toma una muestra a 2 m de profundidad de una arena parcialmente saturada (punto A). El peso específico aparente de la arena (por encima del nivel freático) se puede considerar igual a 18 kN/m^3.

Dicha arena desarrolla un fenómeno de capilaridad por encima del nivel freático, de modo que el agua asciende por capilaridad hasta la superficie de la arena.

Los ensayos de caracterización realizados con la arena han mostrado la curva de retención de la figura, donde s_r, es el grado de saturación y pF es el logaritmo decimal de la succión (s) expresada en cm.

Se pide:

a) Calcular la tensión efectiva en el punto A.

b) Se realizan dos ensayos de corte directo con muestras de la arena. En uno se mantienen las condiciones de tensión vertical total y de succión del terreno; y en el otro se trabaja con la arena totalmente seca y la misma tensión vertical. ¿Cuál es la resistencia al corte en cada caso, si en el ensayo con la muestra seca se obtiene $\phi' = 33°$?

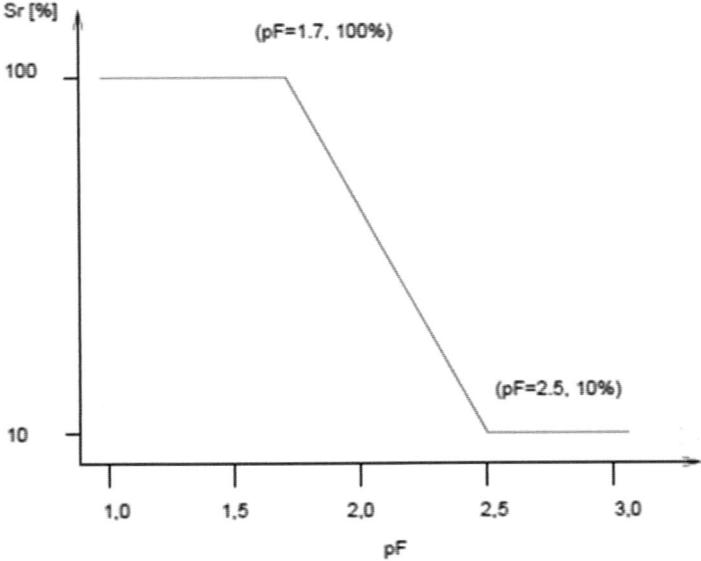

Nota. Supóngase que la definición de tensión efectiva de Bishop y el criterio de rotura de Fredlund-Morgestern son válidos, que la presión del aire es la atmosférica, y que $\chi = S_r$.

Solución

a) Como el punto A está situado 2 m por encima del nivel freático, existiría una succión de $s = 100$ cm H_2O.

Para poder obtener en el gráfico el grado de saturación es necesario obtener el valor del pF

$$pF = log\ s = \log 100 = 2$$

Empleando la figura del enunciado se obtendría

$$S_r = 66,2$$

La tensión total en el punto A sería el peso de la columna del terreno

$$\sigma_A = 2 \cdot 18 = 36\ kPa$$

La presión intersticial sería negativa

$$u_w = -z\ \chi_w - 10\ kPa$$

La tensión vertical efectiva se obtendría mediante la siguiente expresión

$$\sigma'_A = (\sigma_A - u_w) + \chi s$$

Sustituyendo los valores se obtiene

$$\sigma'_A = 36 + 0{,}66 \cdot 10 = 42{,}6 \text{ kPa}$$

b) Para el caso de que la muestra de arena estuviera seca, la resistencia al corte sería:

$$\tau = \sigma \operatorname{tg} \phi' = 36 \operatorname{tg} 33° = 23{,}4 \text{ kPa}$$

En los suelos parcialmente saturados se emplea la ley de Morgestern-Fredlund

$$\tau = c' + (\sigma' - u_a) \operatorname{tg} \phi + (u_a - u_w) \operatorname{tg} \phi_b$$

Como la cohesión es nula la succión es 10 kPa, la tensión total es 36 kPa y la presión intersticial – 10 kPa y considerando que

$$\operatorname{tg} \phi_b = \chi \operatorname{tg} \phi = S_r \operatorname{tg} \phi = 0{,}66 \operatorname{tg} \phi$$

$$\tau = 0 + 36 \operatorname{tg} 33 + 10 \cdot 0{,}66 \operatorname{tg} 33)$$

$$\tau = 4{,}29 + 23{,}4 = 27{,}7 \text{ kPa}$$

Como se puede ver una muestra seca tiene menos resistencia que una muestra que tiene succión por el efecto de la capilaridad del agua.

$$Variación\ de\ resitencia = \frac{27{,}7 - 23{,}4}{27{,}7} = 0{,}15 \rightarrow 15\% \text{ menos resistente}$$

EJERCICIO 6.9

En el laboratorio se ha realizado un ensayo en un equipo triaxial con un suelo no saturado. Del suelo ensayado ya se conocen los siguientes datos:

$\phi' = 30°$

c' = 10 kPa

$S_r = 0{,}3$

Del ensayo se conocen los siguientes datos:

- Presión de cámara: $\sigma_3 = 100$ kPa.

- Presión del aire: $u_a = 5$ kPa.

- Presión del agua: $u_w = -15$ kPa.

Se pide determinar el desviador aplicado en el momento de la rotura.

Nota. Se puede suponer que $\chi = S_r$.

Solución

El criterio de rotura en suelos no saturados se puede expresar de la siguiente manera

$$q^* = p^* \; sen \; \phi' + c^* \; cos \; \phi'$$

El valor de la cohesión aparente (cohesión real más incremento de resistencia por existencia de succión) sería:

$$c^* = c' + (u_a - u_w) \; tg \; \phi_b = c' + (u_a - u_w) \; S_r \; tg \; \phi'$$

$$c^* = 10 + (5 - (-15)) \cdot 0,3 \cdot tg \; 30 = 13,46 \; kPa$$

Sustituyendo en la expresión del criterio de rotura tenemos:

$$q^* = p^* \; sen \; 30 + 13,46 \; cos \; 30$$

$$q^* = 0,5 \; p^* + 11,66$$

El valor de la presión de cámara menos la presión del aire sería:

$$(\sigma_3 - u_a) = 95 \; kPa$$

Sustituyendo en la expresión del criterio de rotura

$$\frac{\sigma_1^* - 95}{2} = 0,5 \; \frac{\sigma_1^* - 95}{2} + 11,6$$

Operando se obtendría el valor de σ_1^*

$$\sigma_1^* = 238,35 \; kPa$$

Y es inmediato obtener la tensión vertical aplicada σ_1

$$\sigma_1 - u_a = 238,35$$

$$\sigma_1 = 243,35 \; kPa$$

Resultando que el desviador es igual a:

$$D = \sigma_1 - \sigma_3 = 143,35 \text{ kPa}$$

EJERCICIO 6.10

Tras un ensayo de corte directo realizado con una arena seca (con tensión vertical total de 150 kPa) se concluye que su ángulo de rozamiento interno es 35°. Esa misma arena se humedece hasta alcanzar un grado se saturación del 35%, tras lo cual se repite el ensayo de corte directo (a la misma tensión vertical total).

Se pide: si la resistencia al corte de la arena en esta nueva situación (parcialmente saturada) es 1,25 veces mayor que cuando está seca, ¿cuál es el valor de la succión?

Nota. Supóngase que la resistencia al corte obedece los criterios de Mohr-Coulomb y de Morgenstern-Frelund.

Solución

Al humedecerse la muestra se genera una succión que incrementará la resistencia la corte de la arena en 1,25 veces, tal como se indica en el enunciado. La ley de resistencia al corte para la muestra seca y parcialmente saturada se puede ver en la figura siguiente.

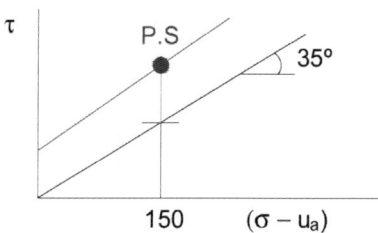

Para la muestra seca tenemos:

$$\tau_{max}^{seca} = \tau = c' + \sigma' \, tg \, 35 = 105 \text{ kPa}$$

Para la muestra parcialmente saturada se incrementa la resistencia en 1,25 veces.

$$\tau_{max}^{P.S} = 1,25 \, \tau_{max}^{seca} = 131,3 \text{ kPa}$$

$$\tau_{max}^{P.S} = 131,3 = c^* + (\sigma - ua) tg \, \phi' = c^* + 150 \, tg \, 35$$

Operando resulta

$$c^* = 26,3 \ kPa$$

Conocido el valor de la cohesión aparente se puede obtener la succión, ya que el resto de los parámetros son conocidos:

$$c^* = c' + S \ \text{tg} \ \phi_b = 0 + s \ S_r \ \text{tg} \ \phi = S \ 0,35 \ \text{tg} \ 35$$

$$S = 107 \ \text{kPa}$$